海南黎族

服饰符号与时尚展示研究

王立◎著

·2016年海南省社科联课题『海南「黎族服饰符号」与时尚展示研究』研究成果
[项目编号：HNSK（ZC）16-29]

·海南大学2019年度人文社会科学高水平著作出版资助项目

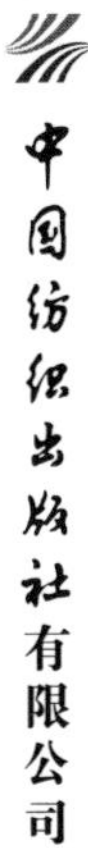

内 容 提 要

黎族在长期的发展中，形成了具有悠久历史和独特艺术风格的服饰文化。其纺、织、染、绣四大工艺，对于中国棉纺技术的发展有着重大的贡献，本书从服饰符号与现代时尚的角度进行论述。全书共有十四章，第一章到第七章主要介绍黎族织锦及服饰、黎族服饰元素，以及哈方言区黎族、杞方言区黎族、赛方言区黎族、润方言区黎族、美孚方言区黎族的服饰符号；第八章到第十二章主要阐述民族服饰的传承和时尚创新、现代时尚展示、时尚展示的主题策划及表演编排设计、时尚展示的模特及化妆造型、时尚展示的音乐及舞美设计，第十三章和第十四章主要论述黎族服饰符号的时尚展示。

本书图文并茂，可作为黎族文化、黎族服饰的研究者和爱好者的参考用书，也期望可以为服装专业高校师生提供一定的借鉴和启发。

图书在版编目（CIP）数据

海南黎族服饰符号与时尚展示研究 / 王立著 . -- 北京 ：中国纺织出版社有限公司，2022.9
ISBN 978-7-5180-9624-4

Ⅰ. ①海… Ⅱ. ①王… Ⅲ. ①黎族－民族服饰－研究－中国 Ⅳ. ①TS941.742.881

中国版本图书馆 CIP 数据核字（2022）第 108788 号

责任编辑：李春奕　施　琦　　责任校对：寇晨晨
责任印制：王艳丽

中国纺织出版社有限公司出版发行
地址：北京市朝阳区百子湾东里 A407 号楼　邮政编码：100124
销售电话：010—67004422　传真：010—87155801
http: //www.c-textilep.com
中国纺织出版社天猫旗舰店
官方微博 http: //weibo.com/2119887771
唐山玺诚印务有限公司印刷　各地新华书店经销
2022 年 9 月第 1 版第 1 次印刷
开本：710×1000　1/16　印张：12.5
字数：200 千字　定价：69.80 元

序

文化是人类物质文明与精神文明的表现，优秀文化能够丰富人们的精神世界，体现人们对审美的追求，是思想性、艺术性、观赏性的有机统一。文艺创作最根本的就是要扎根人民、扎根生活，要使中华民族最基本的文化基因与当代文化、现代社会相协调，把既继承传统优秀文化又弘扬时代精神、既立足本国又面向世界的当代中国文化创新成果传播出去。《海南黎族服饰符号与时尚展示研究》一书是课题组成员在做地域文化和民族特色调研的过程中逐渐积累起来的研究成果。黎族服饰文化的研究本身就是一项扎根于民族和人民生活的研究，在这个基础上得出的研究成果，是让历史上曾经灿若彩霞的黎锦重新焕发出原生魅力，成为今日时尚创作的源泉，也是让更多的文艺创作者更加鲜活地了解和认识中国少数民族的优秀文化精髓的重要途径，这是作为一名高校教育者应当肩负的责任和使命。

黎族传统纺染织技艺是人类文化遗产的重要组成部分。黎族织锦技艺于2006年被列入第一批"国家级非物质文化遗产代表性项目名录"，2009年被列入联合国教科文组织首批《急需保护的非物质文化遗产名录》，2017年履约报告经联合国教科文组织保护非物质文化遗产政府间委员会全票通过，意味着我国黎锦技艺的保护工作得到了联合国教科文组织的认可。自2009年至今，在我国文化和旅游部的大力支持下，在海南省政府高度重视和社会各界的共同努力下，黎锦技艺保护工作取得了丰硕的成果。2019年是黎族织锦技艺被收录于世界教科文组织《急需保护的非物质文化遗产名录》十周年，黎族传统服饰以其独具匠心的织造工艺、缤纷的色彩、丰富的纹样，给人以强烈的视觉冲击力和美的感受。在传承存续的危机之中，时尚化的成衣设计与展示是民族服饰文化的传承与革新以及民族服饰时尚化、现代化的关键，黎族服饰的发展也是如此。因此，民族服饰的时尚化是否可能实现、如何去实现是服装专业高校教师应考虑的问题。

从踏上海南的那一刻起，黎族文化和黎族元素时刻吸引着人们的眼球，伴随着海南发展的过程，人们不断地认识到海南的发展不能仅停留在传统文化语境的笼罩之下，追求国际化的海南，更需要新的视觉文化与新的世纪对接。黎族传统服饰作为海南独特地域文化的代表性符号，具备作为老海南与新世纪连接的潜力，对于提升中国整体民族文化研究具有一定的积极意义。

本书为“海南大学2019年度人文社会科学高水平学术著作出版资助项目”，书中的不足和疏漏之处，敬请专家和读者批评指正。

王立

2020年2月

目录

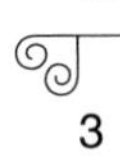

第一章

海南黎族服饰文化及织锦概述

海南黎族人是海南岛的原住居民，黎族的历史是中华民族悠久历史的重要组成部分。自古以来，黎族人民在海南岛繁衍生息，海南岛的经济开发、社会发展、人文兴衰都与黎族和其先民有着密切的关系，黎族内部因自然环境、生产生活习俗、人口以及语言等方面的差别，而分为哈方言区、杞方言区、润方言区、赛方言区、美孚方言区五大方言区，每个方言区内部又有许多小支系，每个方言区的服饰都有自己的特点。在漫长的生产发展过程中，黎族服饰就像是黎族的文字，记载着黎族人民生活的方方面面，不仅是黎族的标志，更是黎族文化的重要代表。

黎族作为我国古代就生活在海南岛上的民族，他们不仅拥有悠久的历史，还创造了灿烂的物质文化和精神文化，特别是与人的生活息息相关的服饰文化。黎族的服饰文化，生动地再现了古代先人的智慧精髓，令人倍感中国传统文化的博大精深，为中国文化的锦绣画卷增添了璀璨的一笔。黎族服饰中的人形纹、动物纹、植物纹、用具纹、几何纹和汉字纹等图案不仅反映了黎族人民生产生活的场景，还通过夸张和变形的创作手法，把人物、动物等自然物艺术地投射到织物上，使图案造型具有很高的可视性和艺术性[1]。

由于中国海南黎族是一个只有语言没有文字的民族，而且地处偏远地区，因此，关于历代海南黎族研究的相关文献资料较为匮乏。中华人民共和国成立以后，随着时代的发展，人们对于海南黎族文化的研究逐渐深入而具体，并开展了大规模的少数民族社会历史调查工作，关于少数民族研究的著作也如春笋般涌现出来，如《中国黎族》《黎族传统文化》《黎族简史简志合编》《黎族简史》《黎族史》《黎族织贝珍品·龙被艺术》《黎族传统织锦》《符号与记忆：黎族织锦文化研究》《黎族独特

---

[1] 马沙. 黎族服饰探析[C]// 中国民族博物馆. 民族博物馆学研究. 北京：民族出版社，2001：267.

的民间手工艺术》等一系列高水平的学术著作。与此同时，各相关单位也相继成立了“民族研究所”“黎锦传习所”等研究机构，对海南黎族的历史、社会、经济等各方面进行研究。相对于以上研究范围而言，针对黎族服饰的研究并不广泛，如有涉猎，也只是蜻蜓点水，并且仅限于传统服饰技艺和文化的历史研究，尚未出现从美学、设计学与时尚的角度进行综合性的衡量和理论层面的提升，缺乏对黎族服饰传承创新的深入探讨和行之有效的研究方案。长期研究黎族文化和黎族服饰的研究者，应极力践行见人、见物、见生活的保护理念，在生活中弘扬，在实践中创新。

服装服饰由最初的遮羞避寒发展到现在，已不仅是传统意义上的服饰，而是一个民族和文化的标志，更是一部活的历史。黎族传统服饰不仅体现了黎族人民对美好生活的向往和热爱，更体现了生态符号和黎族人民的发展历史。研究黎族服饰符号的价值在于它能体现、保存并传承黎族的民族文化，积极推动中华优秀传统文化创造性转化和创新性发展，使保护成果更多地惠及人民群众，为人民生活增添色彩。

第一节　海南黎族及其服饰文化

一、海南黎族

早在一万多年以前，三亚落笔洞人的活动痕迹标志着海南岛已经有了人类存在。“在海南3.4万平方公里的土地上，生活着汉、黎、苗、回、藏、彝、壮、满、侗、瑶、白、傣、畲、水、京、土、蒙古、布依、朝鲜、土家、哈尼、傈僳、高山、锡伯、门巴、纳西、仫佬、哈萨克、鄂伦春等30多个民族。其中，黎族是海南的土著民族，也是海南第一大少数民族。”[1]根据国家统计局发布的《中国统计年鉴2021》统计，中国境内的黎族人口数为160，2104人。黎族人主要聚居在海南省的三亚市、五指山市、东方市、乐东黎族自治县、白沙黎族自治县、昌江黎族自治县、陵水黎族自治县、保亭黎族苗族自治县和琼中黎族苗族自治县9个市县，海南黎族虽然没有自己的文字，却有自己独特的语言。黎语属汉藏语系壮侗语族（又称侗台语族）黎语支，壮侗语族源于古代的百越民族，我国古代南方的骆越人是黎族的先民。千百年来，黎族人民在美丽富饶的海南岛上，创造了独具特色的灿烂民族文化，使海南岛的社会风貌显得别具风情。

“黎”是汉民族对黎族的称呼，黎族一般都自称为“赛”，这是其固有的族称。黎族内部因方言、习俗、地域分布的差异而有不同的称呼，主要有“哈”“杞”“润”“赛”和“美孚”等称呼。在黎族当中，根据语言和文化特征的差异，还可以把黎族分为哈、杞、润、赛、美孚五种。

二、海南黎族服饰文化

在纺织技术快速发展的今天，海南黎族服饰经历了无纺时代、麻纺时代、棉纺时代，如今在中国服装产业中快速发展。黎族传统服装服饰中的织锦是延续至今的黎族史书和“活化石”，也是黎族文化体系中最直观的文化迹象，反映出黎族人民的文化习俗、宗教信仰和审美鉴赏水平。

黎族服饰主要是利用海岛棉、麻、木棉、树皮纤维和蚕丝织制缝合而成。远古时代，有些地方还利用楮树或见血封喉树的树皮作为服饰材料。这种服饰材料，是从山上砍下树皮，经过拍打去掉外层皮渣，剩下纤维层，然后用石灰（螺壳烧成的灰）浸泡晒干而成。黎族祖先利用这

---

[1] 田晓岫．中华民族 [M]．北京：华夏出版社，1991：628.

种树皮纤维缝制成的衣服、被子、帽子等，称为“树皮布”服饰。黎族服饰过去绝大部分是自纺、自织、自染、自缝的，其染料以在山上采集的植物为主，矿物为辅。

黎族传统的服饰，有着自己鲜明的民族风格和特色。黎家女子心灵手巧，她们将木棉纺成线，织成布，染上色，绣上花。黎锦织物图案有160余种，反映了黎族多姿多彩的生活和丰富的文化内涵。这些五彩缤纷的黎锦图案都是生产生活和自然的物化形态，表现了黎族人民对生活、对劳动、对大自然的无限热爱和美好向往。如山区的黎族女子喜爱用水鹿、鸟类、木棉花以及其他动植物作为图案纹样；平原地区的黎族女子则喜爱用江河中的鱼、虾和池畔中的青蛙及田间的鹭鸶等动物作为织锦图案素材。《狩猎图》和《婚礼图》是黎锦中较有代表性的作品。

古籍《山海经》最早记载黎族以树皮为衣，但那只能遮体避寒。一直到“海南三大宝之一”的黎锦出现，黎族人民穿衣戴帽的问题才得以解决。在此过程中，黎族劳动人民对大自然不断探索，从无纺时代、麻纺时代到棉纺时代，由无色之布到多彩之锦，从黑白世界走向彩色世界。

黎族服饰尺寸除了根据体型而定，还由于各个方言区的地域语言、崇拜、祭祀、丧葬以及生活环境的差异，其服饰款样标准也不相同。比如女子上衣，哈方言区的罗活、抱由、抱曼的衣衫特别宽而大；同样是哈方言区的只贡（多港）黎族女子的衣衫则特别小而窄，这种衣衫在黎族女子服饰当中，可以说是最小的女衫了。

时间的不断推移和各民族频繁的交往，加速了黎族服饰的变化。其中最明显的是将无领直口和贯头上衣改为挖口上衣领，或者将直身、直缝、直袖改为使腰身、袖口有缝（褶裥），或原本没有纽扣的改为装饰性纽扣，后来又改为琵琶纽扣，服装款式由原来的对襟改为偏襟。赛方言区黎族，除陵水祖关、群英地区女子穿有花筒（俗称“丝筒”）外，其余的黎族服饰均先是在裙尾、裙腰上绣花，其后又在上衣上反镶色彩较为鲜艳的布边，筒裙多织条格纹，最后就只穿蓝衣黑裙或素身无花纹的服饰。随着时代的变迁，只有较偏远地区的中老年女子仍穿着传统的古老的黎族服饰，而且多数服饰的材料并非手工织绣，服装款式已发生了改变。现代，很多黎族人的服饰已经很大众化、汉化了。

海南黎族传统服饰是动态的文化，从深层次反映出黎族传统文化的鲜明特点。纵观历史发展进程，越是历史悠久、地理环境比较偏远、经济落后、生产力不发达的民族，在服装的款式、纹样、色彩上越比较奇特、纯朴，原始性特征也越明显。在经济全球化这一不可逆转的时代潮流冲击下，在海南自贸区建设背景中，黎族传统文化得到了空前的发展。但是，不可否认黎族传统文化存在开发力度不够、开发效率不高等问题。要保持海南黎族文化的底蕴、维持中华民族文化的多样性，关键在于有效地挖掘整理和传承，并在传承中发展、创新、繁荣。

黎族传统服装服饰的织锦花纹图案，其特征为雅拙有趣、立意新颖、不陈腐、不俗套，工艺非常细腻精致。黎族女子凭着自己丰富的想象力和灵感，在生产、生活实践中通过自纺、自织、自染、自绣四大传统工艺，创造出适合自己生活环境所需的各种款式的传统服装服饰。黎族精美的传统服装服饰，是中华民族服装服饰的组成部分，它从一个侧面反映了本民族的精神文明和物质文明的综合风貌，具有一定的历史价值和艺术价值。少数民族服装服饰文化呈现出多元化的特点，正因为它的内蕴不是单一的，所以造就了民族服装服饰款式格调的多样性。

服装服饰的创造是人类迈向文明的一个重要标志，人类服装服饰文化的历史与人类活动紧密相随，始终相伴。黎族的传统服装服饰织锦，反映出本民族的文化习俗、宗教信仰和审美鉴赏水平。每一幅色彩绚丽的黎族织锦，都具有它不同的构思及艺术创意，都具有丰富的民风民俗和深邃的文化内涵。黎族织锦花纹图案丰富多彩，品种繁多，大约有160种花纹图案，所反映的内容题材极为广泛，有人形纹、动物纹、植物纹、汉文字纹、生产和生活工具纹等类别。

第二节 海南黎族服饰的分类

海南黎族创造了本民族的传统服装，在原始社会以树皮制作服装，这种树皮也被称为“树皮布”。树皮衣是黎族最早的服装。在黎族居住区三亚落笔洞考古发掘出剥树皮所用的石拍，是新石器时期之物，可以推断距今有6000年的历史。因此，海南黎族是我国最早发明和使用树皮布的民族之一，也是最早懂得遮羞穿衣的民族之一。

根据海南省民族研究所专家们的研究分类，黎族服饰从大的范围可以划分为黎族男子服饰、黎族女子服饰和黎族特殊服饰，黎族男子服饰和黎族女子服饰再根据五大方言可以细分为哈方言区服饰、赛方言区服饰、杞方言区服饰、美孚方言区服饰和润方言区服饰。黎族特殊服饰包括婚礼服饰、丧葬服饰、祭祀服饰和首领服饰等。各方言区内部又因不同的传统，产生了方言区内部服饰的差异，因此，黎族女子服饰还可再细分为若干个小类型。比如在经过广泛调查后，专家发现黎族仅哈方言区内部就分出12个小分支，女子服饰也相应分成12个类型，可以说是纷繁多样、精彩纷呈。以下分别从黎族女子服饰、黎族男子服饰、黎族特殊服饰、黎族装饰品等方面来阐述海南黎族服饰的类型。

一、黎族女子服饰

黎族女子服饰款式一般是上衣下裳，上衣款式为无领或直领，没有纽扣的对襟衫或者贯头衣。除了赛方言区服饰之外，黎族女性上衣多为“十字型平面结构”，是以简单的几何图形为基础建立起来的，通过平面造型和直线裁剪的方式实现服装的款式与造型。下裳为筒裙，通常由裙头、裙身带、裙腰、裙身和裙尾缝合而成，由于各幅都是单独织成，因而适合织花、绣花等加工方式。有些筒裙为了突出花纹图案，又沿边加绣补充以丰富图案色彩，所以筒裙花纹图案繁多，色彩鲜艳。女子的筒裙在规格上也有一定的差别，哈方言区的“哈应”和聚居在东方市、昌江黎族自治县境内的美孚方言区黎族女子筒裙又长又大，所以被人们称为“长式筒裙”；居住在白沙黎族自治县的润方言区黎族女子筒裙，则是最小最短的，堪称为“超短裙”。一般来说，筒裙长而宽，或短而窄，都是为适应其生产环境和生活方便的需要。长筒裙的实用性较强，用途较广，可当被子、背物以及做婴儿的吊兜式摇篮，孩子可以从童年穿到成年，小时候可将多余的部分折叠到里面，随着身体的增高翻出加长。有些长筒裙还可以供人死后殓尸用，故而越织越长。而短筒裙主要是居住在深山中，生活环境比较差的黎族女子穿着的。短筒裙的出现，除了因为古时候原料有限，更主要的是因为居住地位于山涧、小溪、河流地带，穿着短筒裙便于跋山涉水。而穿着长筒裙的黎族女子主要生活在有河流的平地或小丘陵地带，接近平原地区，物质生活条件较好，受到汉族文化影响较早、较多。古代汉族的服饰多为宽衣长裙，也许对当时的黎族服饰有一定的影响。如图1-1所示，为海南传统黎族女子服饰。

图1-1　海南传统黎族女子服饰

黎族各方言区服饰都有着极其丰富的文化内涵，在历史上曾是区分不同血缘集团和部落群体的重要标志，而且与黎族的崇拜、婚姻、家庭、丧葬等因素有着密不可分的关系，而且由于各方言区黎族女子所处的地域、语言、生活习俗等接受汉文化影响程度不同，从而使各方言区黎族女子服饰种类繁多，样式奇特，丰富多彩。

二、黎族男子服饰

黎族男子也因居住地环境、生活习惯和语言的差异而有所不同，但不如女子服饰那样类型繁多。总体来看，黎族男子服饰的上衣差别不大，下装有明显的地区差别。

黎族传统男子服饰，主要由上衣、腰布和红、黑头巾组成。男子上衣无扣对胸开襟，仅用一条绳子绑住，前身长后身短，后身下摆缀有10cm左右的流苏。“丁”字形的腰布过去称为“包卵布”，古称“犊鼻裈”。犊鼻裈主要由两部分组成，上面一部分为近似梯形的木棉布或野生麻粗布，梯形布上边的长度和腰围长度一致或比腰围稍长，围在腰间并盖到臀部中间，梯形布上边长度较长、下边长度较短；下面一部分为矩形木棉布或野生麻粗布，最上面一段矩形布和梯形布的下边缝接，长度一致。矩形布的长度根据男子的身材而定。现在所有的男子服饰早已发生了变化，几乎找不到这种旧时代的服饰。如图1-2所示，为海南黎族男子犊鼻裈正反面。

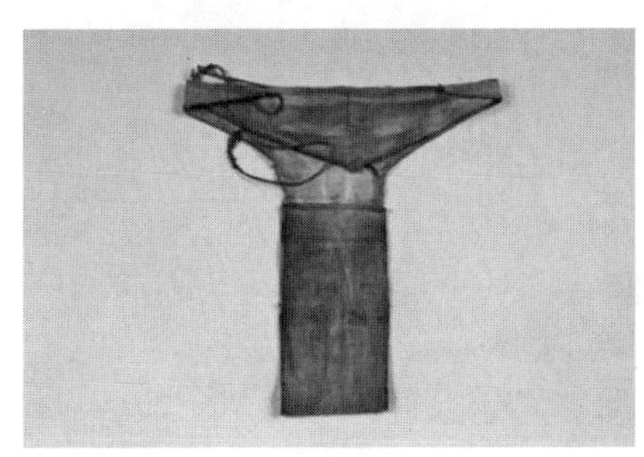
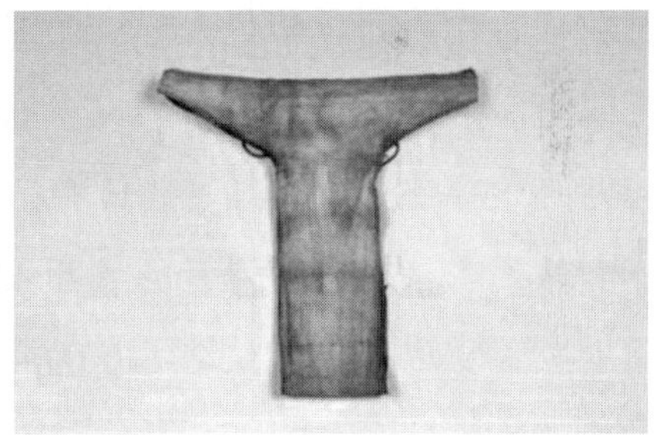

图1-2　海南黎族男子犊鼻裈正反面（海南省昌江县博物馆藏）

三、黎族特殊服饰

黎族人在举行一些祭祀活动的时候，通常要请“三伯公”（道公）、

"娘母"等，他们所穿的服饰是比较特殊的。在这些特殊服饰中男子服较多，女子服较少。

哈方言区的黎族特殊服饰，长袖、无领、无纽，无扣，也称"大麻衣"。这种大麻衣宽而大，整条长至膝盖下部，是奥雅[1]在"做鬼"时穿用的，主要采用麻纤维织成的棉布料，一般不需要染上色彩，多为原麻色，也有黑色的，这种大麻布，在制作时工艺比较精致，平常不穿，只有"做鬼"时或村里有人死亡"做八"（丧礼）时穿用。在"做鬼"时腰部必带绑好的箭筒或男腰篓，头戴用藤编织成的帽子，并在前面插上3～5根野鸡尾毛。哈应和抱怀的女子有一种服饰，叫作"丧服"，丧服制作讲究，其筒裙图案分为四个部分，其中最精彩的图案是人形纹。人形纹也称"鬼纹"。黎族人认为万物都是有灵的，认为人死后也有灵魂的存在。所以服饰上的人形纹图案占有相当大的比例。丧服除了人形纹外，图案色彩也十分讲究。丧服上的人形纹分为两个色彩的纹样，其中一个纹样是用明色来织制，另一个是用暗色来织制，并且这两个纹样可进行有节奏地无限延展。黎族人把这种明色人形纹样看作人间，暗色人形纹样则视为阴间，称为"鬼纹"。女子在参加丧葬时必须穿着这种服饰，否则祖宗就不会认死者，也会使死者的灵魂在阴间里生活艰难。如图1–3所示，为海南黎族"大麻衣"。

图1–3　海南黎族"大麻衣"

杞方言区黎族男子较早就穿戴汉族服饰，但是在"做鬼"时，有些

[1] "奥"是黎语中"人"的音译，"雅"是"老"，"奥雅"原意是老人，引申为首领、头人、值得尊敬的人等。

地方还穿着原来的民族服饰式样。过去是用麻纤维织制的面料裁剪成对襟开胸无领、无纽的衣服，下穿前一块后一块的遮羞布，布料也同上衣一样都是用麻纤维来染色织制而成，有些地方是将红布制作成长袍。在“做鬼”时腰部绑着腰篓，手持一把16 ~ 20cm的尖刀。

润方言区的“三伯公”在“做鬼”或祭祀时，也穿着汉式衣服。但这时穿的并非完全汉式，而是非常美丽且具有典型的润方言区特色的刺绣衣服。这种刺绣主要是在衣服的背部与口袋的装饰上，有些地方一般不直接绣在从汉商那里买来的衣服和面料上，而是用各色丝线绣在汉族生产的蓝色小块棉布上，然后缝到背部和口袋上作为装饰。润方言区黎族男子还有一种很长的颈巾（也叫围巾）。这种颈巾宽10 ~ 30cm、长130 ~ 140cm。颈巾在黑色与红色的正方形布上采用一字或十字形的简单刺绣方法绣成。围巾的一端有很多花纹，装饰美丽，色彩为红、黑和有光泽的黄绿色，刺绣工艺巧妙。

美孚方言区的“三伯公”特殊服饰为长大衣，开胸长袖有布纽，穿戴时衣长至脚踝以下，用红色布绑住腰部，色彩多是土红色，从衣领的领口到下摆处用黑色线将缝隙缝合，色彩比较调和。“三伯公”头戴花帽，在帽顶尖处插有野鸡尾毛，有人生病时，请道公“做道”戴上铜条项圈和手镯，用作辟邪物以赶鬼。

四、黎族装饰品

黎族装饰品主要指海南岛各方言区黎族女子在盛装时和平常所喜欢佩戴的首饰工艺品。由于各方言区黎族女子所处的地域以及语言、生活习惯、宗教信仰、自然条件、社会经济发展不同，因此各方言区女子之间的发式、头饰、脚饰、耳饰、胸饰品等都各不相同。

哈方言区的装饰品，除了脚饰外，主要是耳环。乐东黎族自治县的女性从小就开始佩戴银制或者铜制的大耳环。有些地方的女性每长一周岁，就要加戴一个耳环，有的耳环像项圈那么大。到了成年时，往往每边耳朵都要戴上10～20个耳环，重达三四斤。长年累月地佩戴，耳孔会被拉扯得非常大，将耳垂坠得长长的，有的甚至被拉裂。这么多的耳环戴在耳朵上，行走、劳动都非常不便，于是她们会把耳环取下套在胳膊上或者向上翻盖在头顶上，像帽子一样。如果有客人来，则要把耳环戴上或从头顶上取下来，以示对客人的尊重和热情欢迎。

杞方言区的装饰品，琼中黎族苗族自治县、五指山市、保亭黎族苗族自治县等市县的杞方言区黎族女子在盛装时喜欢佩戴多重式项圈和新月形的项圈，在举行婚礼时，戴有戒指、手镯、银链、银牌等。在昌江黎族自治县王下村，每逢节日时女子喜欢戴铁铜圈和白蓝色珠圈。

润方言区的装饰品，主要是骨刻头簪及篦梳，还有一种自己雕刻的骑灵僧纹骨，分为双人骨簪和单人骨簪，工艺尤为精巧，是一种民间装饰艺术品。

赛方言区的装饰品，女子喜欢戴吊铃头钗、花式簪、篦梳，盛装时或举行婚礼时新郎新娘佩戴月形多层式胸挂、戒指、手镯、银链和小型耳环等。

美孚方言区的装饰品，男女都喜欢戴有弯曲的多钩形耳环，女子在盛装时，戴有铁花形头簪，也戴圆珠耳环和玉手镯等。

各方言区的装饰品，多为铝制品，也有银制和铜制品，真金的很少，也有用玉、骨、木、竹等材料制作的饰品。

第三节　海南黎族织锦的工艺传承

当人们提到我国的织锦工艺时，对云锦、壮锦、蜀锦等也许有所了解，而对于黎锦则较为陌生。其实，黎族的纺织工艺历史久远，早在宋代就已有立体花纹图案的黎锦和花裙等驰名于世。到了元代成宗元贞年间（1295～1297年），著名女纺织家黄道婆，将黎族传统的棉纺织工艺由崖州传入中原，促进了中国棉纺织业的发展。黎族女子将其精湛的织绣艺术代代相传，从古至今不断得到提高和发展。

一、黎族早期纺织技术

相传早在禹贡时代，黎族就已学会种棉、纺织，尤擅长木棉纺织。在春秋战国时期，黎族女子就已经利用木棉织出了非常精美的布单。到了汉代，黎族女子的纺织技术就更为精湛了，她们织出的“广幅布”远近闻名。汉代统治者曾把这种布列入征调贡品，从侧面反映了当时黎族纺织业之盛。

海南岛上的黎族女子精于纺织、染布、刺绣等传统工艺。据说黎族姑娘从十二三岁起就开始学习纺织，她们的一生都在一经一纬的纺线中跳跃，用最简陋的纺织工具，编织出最美丽的图案，创造出瑰丽的黎族服饰大观。这种美沉淀了千年，那根纺线也跳跃了千年。宋代诗人艾可叔在《木棉》诗中，曾描绘了黎族女子纺织的生动情景：“车转轻雷秋纺雪，弓弯半月夜弹云。衣裘卒岁吟翁暖，机杼终年织妇勤。”

我国最早的棉纺织改革家黄道婆，在海南岛黎族聚居的崖州（今三亚市）向黎族妇女学会了棉纺织等技术，后将其传入中原地区，为推动江南一带棉纺织业的大发展作出了巨大的贡献。错纱、配色、综线、挈花等技术都出自黎族女子之匠心。她们使用原始的踞腰织机（也称腰机），席地织布、平纹挖花、飞针走线、正刺反插、精挑巧绣，把心血凝聚在一件件织绣艺术品上。她们织出来的花布、腰带、被子、筒裙以及壁挂，元代学者陶宗仪在《南村辍耕录》里用“粲然若写”四个字来概括形容。

二、黎族织锦工艺发展

在海南黎族地区，无论走到哪一个村寨，都可以见到一件件出自黎族女子之手的筒裙、上衣、头帽、花帽、花带、胸挂、围腰、挂包、龙被[1]和壁挂等精美的织绣艺术品，丰富多彩的图案，美不胜收。这些工艺精巧的作品，集中反映了南国乡土的独特风韵，因而驰名古今中外。

在历史的长河中，黎族织锦艺术充分显示了黎族妇女的创造才能和艺术造诣。一件艺术珍品的完成，是黎族妇女心血的结晶，也是黎族妇女智慧的集中表现。她们往往需要花费三四个月甚至更长的时间才能织绣出一套盛装。每当民俗节日或是参加婚礼盛会的时候，姑娘们总是身穿盛装，三五成群地汇集在一起出现在人群中，向别人显示自己的织绣才华。织绣技艺高超者会被人们称为“织绣能手”，从而赢得崇高的赞美和尊敬，还能得到青年男子向她投来的钦佩目光、赞扬及求爱的歌声。清朝人张庆长在他的《黎岐纪闻》中有这样的叙述：“男女未婚者，每于春夏之交齐集旷野间，男弹嘴琴，女弄鼻箫，交唱黎歌，有情意投合者，男女各渐进凑一处，即订偶配。其不合者，不敢强也。”每当一对相恋的情侣定情之时，姑娘总是把自己织出的一件自认为最满意的花带或者手巾亲手送给“帕曼”（黎语：男青年），表示对爱情忠贞不渝。黎族织锦艺术作为爱情的纽带和精神的寄托，反映了黎族姑娘对幸福的向往和追求，也反映了当时织造者的智慧和高超的技艺水平。

元代时期，黎族的棉纺织业发展到了兴盛时期，黎族妇女娴熟的棉纺织技术工艺和丰富精美的棉纺织产品，尤其是双面绣技艺和立体花纹图案的“黎锦光辉艳若云”的高超技术水平，对江浙一带的棉纺织业产生了巨大的影响。清代时期，由于民族文化艺术的交流融合，黎族织锦花纹图案的发展变化丰富多彩，黎族人民将思想融于织锦图案之中，表达了他们对美好幸福生活的憧憬和追求。

---

[1] 龙被来自黎语“菲荡”。“菲”是被子，“荡”是龙，即龙被。黎族早期织被中并没有龙的图案，在清代中后期受到汉文化和宫廷文化的影响，在被面织锦图案中融入“龙”的造型，绣“龙”的图案。

三、黎族织锦工艺传承

下面分别从纺、染、织、绣四个方面阐述黎族织锦工艺及其传承。

（一）黎族织锦工艺——纺

在公元前的商周时期，黎族妇女就已懂得用木棉来纺织棉布。经过千百年的摸索创新，逐渐形成了黎锦纺、染、织、绣四大传统工艺流程。其中，纺为四大工艺流程之首。

织造一件完整的黎族织锦，纺纱工作是第一位的。在纺纱之前，需要对棉花进行加工。最初黎族妇女都采用手剥脱籽法，手剥脱籽法一般在棉量少时适用，随着对织锦需求的增加，用棉量逐渐增加，脱籽机的出现大大提高了棉花的加工速度。陶宗仪在《南村辍耕录》中曾写道："率用手剖去子，线弦竹弧置案间，振掉成剂，厥功甚艰。"这正是当时落后的纺织技术的写照。唐宋以后，随着黎汉两族人民的交流与融合，纺织工具升级，纺纱效率比以前提高了很多，为海南纺织品的生产和走进内陆市场打下了良好的基础。南宋年间，大批量的海南棉织白细布、青花布和棋盘布纷纷涌向内陆市场，海南棉纺织业呈现出前所未有的繁荣景象。

纺纱工艺技术复杂且程序繁多，在经过捻线、缠纱、导线和上浆之后，才能进入染制环节。

（二）黎族织锦工艺——染

染色工艺技术是黎族织锦四大传统工艺之一。根据黎族传统染色工艺技术的流程，可将黎族染色工具分为：染料加工工具、制作媒染剂的工具、染色过程中使用的工具以及晾晒与氧化使用的工具。染料来源主要是天然植物和培植的草本植物、动物的血液以及用矿物质制作的染料。染色的染料以野生植物为主，矿物为辅。

黎族祖先很早以前就懂得采集野生植物和培植各种草本植物作为

染料。传统黎族染色工艺技术中不同色彩所采用的材料各不相同，青、绿、蓝等颜料多是用植物叶制成的，黄、紫、红等颜料是利用植物花卉制成的，棕色、褐色是利用树皮或者树根切成碎片后投入少量的石灰（螺壳烧成的石灰）煮水而成。操作时，需要将布料放在染缸中浸泡数回，使其均匀上色。

海南岛黎族美孚方言区有一种特别的民间传统扎染色工艺技术，俗称“缬染”。其扎结工艺比较复杂。首先要把白色的纱线两端固定在一个长方形的木架上，并依次排列很多根，形成所需经线构成的一个平面，并在这个平面上设计相应的图案；其次根据其图案结构将局部纱线扎成一个个结，扎的工艺完成后就把纱线从木架上取下，投入染缸染色；最后待染色晒干后将一个个纱结解开，就能看到被扎紧的纱线依然是白色的或略有渗入的浅色，而未扎的部分则是所染的颜色。由此，这根纱线就变成了带有色段的具有斑花效果的经线，而将刚才所排列的纱线再排成一个平面时就会显出相应的花纹。美孚方言区黎锦的经线就是使用了这种带有斑纹的纱线，再通过一定组织与纬线交织，形成了十分美妙的图案。用这种面料制作成的衣裙服饰，与其他方言区服饰相比没有很浓艳的色彩，也没有很夸张的图案，显现出的是雅致、稳重的外观特色。

（三）黎族织锦工艺——织

因为织锦的过程非常复杂，一般要经过摘棉花、去棉籽、纺线、染色、织花等过程，每个环节均耗时费工，一幅织锦从纺纱到织成，大约要三个月甚至更长的时间，因此她们会采用工具进行织锦制作。黎族女子织布（图1–4）主要采用踞腰织机，踞腰织机由藤腰带、腰力棍、木刀、拉经棍、竹梳、竹纬线针、整绒梳等器械组成。黎族女子在织布时绑着藤腰带，用双足踩织机经线木棍，席地坐着织布。其过程是用右手持纬线木刀，按织物的强力交替程度，用左手投纬引线，然后用木刀打紧纬线。

清代张庆长在《黎岐纪闻》中这样描述黎族女子纺织：“复基经之

两端，各用小圆木一条贯之，长出布阔之外，一端以绳系圆木，而围于腰间，以双足踏圆木两旁而伸之。于是加纬焉，以渐移其圆木而成匹，其亦自有匠心也。”织造技术是黎族织锦四大传统工艺中最为辛劳的，每织绣制作一套盛装至少需要花费3～4个月甚至更长的时间，而此工艺在当时已经是很先进的了。

图1-4 黎族女子织布

美孚方言区黎族女子不懂制作陶器的技术，但纺织棉布的技术较其他方言区更先进。除了席地式的原始织布机，还有一种坐架式的织布机，样式与汉族的织布机类似。美孚方言区的织锦在样式、织法、染色、图案等方面，与其他方言区有着十分明显的区别。就样式而言，美孚方言区黎族的织锦又长又宽，用作筒裙上的织锦，一般都是由四幅织锦拼缝而成的，每一幅织锦长120cm左右，再根据每个人身材的胖瘦调整长度；宽度约为30cm，根据个人的身高而定。

美孚方言区黎锦提花部分的结构和工艺也不同于其他方言区黎锦，首先是经线用色上十分讲求素雅、精致，并且白色经线以经浮长的形式起花，这种类似的结构在美孚方言区黎锦中有很多。此外，在同一件织锦上采用粗细不同的经线，并且应用不同的组织结构进行织造，既有染色显花花纹，又有织造提花花纹，这是美孚方言区黎锦的特色。

（四）黎族织锦工艺——绣

绣是黎族织锦工艺之一，是最为精细的工种。一些黎族织锦物，其主体部分是织造的，中间若干局部的花纹图案是用刺绣来完成，有双面绣、单面绣两种。单面绣以三联幅崖州被（崖州龙被）、衣背图案、夹牵式筒裙图案为代表；双面绣以白沙润黎的人龙锦为代表。黎族织锦是织绣结合的产物，工艺精湛，图案美观，是织锦中的精品，具有很高的艺术价值。

黎族有着男耕女织的习俗，织锦在黎族女子生活中占据极为重要的位置。一般女孩子从七岁开始学习纺织，到了15岁就能娴熟地掌握错纱、综线、配色、刺绣等纺织技术。依照黎族的传统风俗习惯，凡未出嫁的女性都必须勤奋学习织绣这门技艺，为自己准备将来的嫁衣和归西的寿衣。如果新娘出嫁时穿戴长辈或姐妹织绣的嫁衣，会被人们视为懒惰之人，受到讥讽。所以黎族新娘喜欢在婚礼上穿戴自己亲手织绣的传统嫁衣，表现出姑娘的勤劳和心灵手巧，受到人们的钦敬。

第二章

海南黎族服饰图案和色彩符号

黎族服饰图案、色彩的艺术性体现在线条、结构等方面，更蕴含着深层的心理内涵，体现出黎族人最原始的民族情结，渴望从自然中获得力量，并得到祝福。

第一节　认识符号学

符号学（Semiology或Semiotics）诞生于20世纪初，勃兴于60年代的法国、美国、苏联。目前，符号学正以强劲的发展势头向各个领域渗透，对符号学的认识与运用正在形成一种科学大趋势。符号学以其独特的视角，给传统及新兴的各门科学以方法论的启示，是人文社会科学跨学科方法论探讨的重要方向之一，它对比较模糊的文化及学术现象进行了精确地描述，对人文学术现象中的意义关系、因果关系、评价关系、行为关系进行了比较精确的表达和分析，以促进提升人文社会科学对象的理解和运用。因符号学存在的普遍性及其研究领域的广泛性，卡西尔（Gassier）曾经宣称人类是符号的动物。符号学的创始人之一F.索绪尔（F.Saussure）把符号分为“能指”（Signifier）和“所指”（Signified）两部分，能指即符号的表达面，所指即符号的意义面，能指与所指就像一张纸的两面一样不可分割。可见，符号的本性在于其对意义的表达。索绪尔的符号学重在研究语言符号，但是他的理论后来被广泛运用到了非语言符号的研究当中。意大利的安伯托·艾柯（Umberto Eco）对符号也颇有研究，他从文化的视角出发，认为符号的所指意义与文化习惯相关，也与一些涵指系统相关，而涵指系统是依不同文化而改变的。究其实质，符号的千姿百态承载着不同民族的文化积淀，反映民族文化心理，展示其历史渊源和文化内涵。

符号学在广义上是研究符号传意的人文科学，包含着所有涉及文字符、讯号符、密码、古文明记号、手语的科学。符号学是当今人文社会科学跨学科方法论探讨的重要方向之一，构成文化的整个社会行为领域，无论是语言的，还是非语言的，事实上都表现为以一种语言的模式进行“编码”的活动。我们所处的这个充满人类生活经验的世界，更是一个布满了民俗象征符号的世界。民俗现象都是用不同的代码传递着某种特别的信息。在进行交流的过程中，每个信息都是用一系列符号构成的。这些象征代码不停地传送着各个民族特有的知识、经验和概念，是一种抽象的文化意蕴。从符号学的角度来审视、揭示民俗文化的内涵，为解读千百年来流传下来的丰富的人类文化遗产提供了一条新的途径。

生活实践和历史都证明符号是为人类的生存提供服务的一种工具，人们不仅生活在现实的物质世界中，还生活在自己创造的符号世界中，符号是协调内部关系适应外部环境变化的生存工具，实际情况也的确如此。人们在使用符号进行交往过程中形成了文化，文化的形成反过来塑造了人性，符号、文化、人性三位一体，相互影响、相互作用，共同促进了社会的发展。

第二节　黎族服饰图案符号

服饰，被黎族人民赋予了比御寒保暖的实用功能更为广泛的意义，是重要的文化符号。服饰作为黎族重要的文化现象，其本身就具有鲜明的符号功能。从符号学的角度看，民俗作为一种独特的社会文化现象，它反映了一定社会和民族的经济、政治、宗教等文化形态，蕴涵着民族的哲学、艺术、宗教、风俗以及整个价值体系的起源。千百年来，服饰以一种鲜活的形式承载着人类文化的传播，从而构成了文化的动态化符号。

黎族文化是个庞大复杂的符号系统，而服饰文化只是其中的一个子系统。在传统黎族服饰中，材料、图案、色彩、款式以及饰品等形成了黎族服饰特有的符号形象，从而构成了黎族文化特色。

一、黎锦服饰图案符号的类型及特征

（一）黎锦服饰图案符号的类型

黎族织锦中图案纹样符号有很多，归纳起来，可分为六个类型纹样。第一类是人形纹；第二类是动物纹；第三类是植物纹；第四类是日常生活生产工具纹；第五类是由直线、平行线、曲线、方形、菱形、三角形等组成的几何纹样；第六类是汉文字纹。其中，第一类、第二类、第三类是黎族女子最常用的图案。

（二）黎锦服饰图案符号的特征

从某种意义上说，服饰图案是各方言区的标识符号。由于各方言区的黎族人民受环境、生活习俗、文化、经济和教育等方面因素的影响，因此，各方言区的织锦图案都不同程度地反映出社会生产、文化生活、爱情婚姻、宗教信仰活动、传说中吉祥物或美好形象物等。女子始终把人的活动以及动物、植物、自然景物和人们心目中较为定型化的物象作为织锦图案的主题。在黎族织锦图案构图上，以母体图案为主、子体图案为辅，一般来说，母体图案多以人形纹为主，动物、植物以及其他纹样是在子体图案之中，这就充分说明黎族女子在构图方面重人轻物，体现了黎族人民对祖先崇拜的重视，由此形成黎族织锦图案的艺术特征。

1．服饰符号构图以“菱形”为基调

虽然各方言区的黎锦筒裙纹样在造型上千差万别，但从总体来看，有一个基本规律，即以蛙纹和人形纹为主要纹样，而蛙纹和人形纹的基本构图为菱形图案，这就形成了黎锦筒裙纹样最为基本的一个方面。

菱形风格纹样的出现，主要与黎锦的纺织技艺有关，由于黎锦筒裙的制作主要以织为基本技法，所以，必须利用经线和纬线的搭配来构成图案，即古籍中所说的“通经断纬”。黎族人民在制作黎锦时，主要利用不同颜色的线条或同一颜色不同线条之间空间上不同位置的相互关系来构成图案，这种构成图案的形式除了比较容易构成以直线为基础的长方形和正方形外，还能构成一种菱形图案。

2．服饰符号造型以直线为基本元素

黎锦筒裙的制作主要以织为主，其纹样图案的基本构成元素是直线。线条之间的关系看似简单，但非常符合视觉逻辑，从而显示出一种流动之美，正是通过线条与线条之间有规律、有节奏的变化，黎锦筒裙纹样在呈现出题材多样的动物、植物、人物图案的同时，也表现出黎族服饰的飘逸与灵动。

二、黎锦服饰图案符号的形式特征

黎锦筒裙制作技艺的特殊性，决定了黎锦筒裙上的纹样不宜太复杂、太具象，所以，黎锦筒裙纹样的最大特征就是简化和抽象，即将动、植物或人的基本形象特征凝练地概括、抽象出来并加以变化。抽象的另一个特点是符号化，能够熟练地运用符号是一个民族成熟的标志。

黎锦筒裙纹样在众多繁复的表象背后，已然具有了符号的指涉特性和象征特性，显示出黎族人民已经开始运用符号思维来把握自己的生产生活。比如黎锦筒裙上的蛙纹，就直接指向自然界中生殖力强大的青蛙，而黎锦筒裙上的人形纹则间接地指向本民族对人、鬼以及祖宗的崇拜。黎锦筒裙纹样也开始注意到组合的表现形式，这主要表现在复合纹样中，在复合纹样中不同的图案组合在一起，能构成一幅新的图案，显示出丰富的变化性。

（一）追求对称，形式感强

黎族女子筒裙纹样虽然变化多样，但在表现形式上特别讲求对称，无论是单独纹样，还是复合纹样，都特别追求内在的和谐对称，表现出一种沉稳、厚重的感觉，形成了黎族女子筒裙形式感极强的外在特征。

对称讲究的是装饰美，装饰美的基本内涵是对形式美的追求。形式美是人类艺术成熟的标志，因此，黎锦筒裙纹样的对称特征显示出黎族人民在很遥远的过去就已经开始有意识地将制作黎锦作为一种艺术创作来加以对待了。

（二）自成一体，完整和谐

黎族女子筒裙的单个纹样往往在内部自成一体，构成一个相对独立的个体，同时同纹样之间又有某种内在的相关性，从而形成一种和谐的整体感。不仅如此，黎族女子筒裙纹样在搭配上也追求和谐一致的特点，主要表现为基本图案醒目突出，辅助图案层次清晰。黎族女子为了突出筒裙上的主要纹样，往往会在筒裙的裙身部位，专门织绣具有重要意义的图案。比如哈支系、杞支系女子都将本民族崇拜的对象织、绣在筒裙最醒目的裙身部位。

除此之外，黎族女子筒裙纹样的大小、色彩、结构、布局等都是相互协调的。在筒裙上，虽然黎族女子一般会在主要纹样间以各种边饰纹样加以分割，但是通常不同间离带中的纹样在大小、色彩、结构、布局之间往往都具有一定的相关性。

（三）散点透视，平面铺开

黎锦筒裙纹样在构型上往往采取散点透视、平面铺开的方法以表现相对复杂的纹样。黎锦筒裙纹样在表现各种生活场景时，并不运用焦点透视的方法来呈现景物，而是采取多视点、多角度的方法将相关的景物都展示出来，并以一种全知视角在平面上全面铺开，这种手法看似简单、稚嫩，但却能给人强烈的整体感。

三、黎锦服饰图案符号的内容特征

一般来说，纹样作为服饰符号中的一种艺术形式，总是与一个民族的生活息息相关，从生活中来，到生活中去，反映着一个社会的基本生产生活内容，也反映着一个社会的文明状况。

（一）题材广泛，但以动物纹样为主

黎锦筒裙纹样题材广泛，内容丰富，包含动物纹样、人物纹样、植物纹样、复合纹样、字符纹样、几何纹样等，这些纹样充分体现了黎族人民丰富多彩的生产生活。在众多的黎锦筒裙纹样中动物纹样占据绝大多数，而植物纹样则很少，这一现象说明黎族先民的生活与动物联系比较密切，与植物的关系则相对简单。植物纹样往往只是作为主图的陪衬图案出现，而很少单独出现在筒裙上，因而我们可以推断黎锦筒裙的成熟期应当是在狩猎文明时期，还没有进入农耕文明时期。

（二）复合纹样较少，反映的内容较为简单

复合纹样，指的是纹样中包含有两种或两种以上内容的图案，共同构成一个整体纹样。如果说单一纹样反映的是人们对日常生产生活中单一事物的认识和理解的话，那么复合纹样则主要反映两种内容：一种是反映人类与自然之间的关系，如狩猎、耕耘，以及衣食住行等与自然相关的活动；另一种是人类社会之间的关系，如战争、祭祀、婚丧嫁娶等与社会相关的活动。所以，复合纹样一般来说是一个民族或一种文明发展到一定程度，人们对世界的把握有了更为多元和丰富的认知之后才会出现，而战争、祭祀、婚丧嫁娶等社会活动在纹样中出现，则进一步反映出人类社会关系的复杂性日益加剧的状况。

从内容上看，在黎族五大方言区中，都有人骑牛（马）或赶牛（马）的纹样图案，而且基本上占据了黎锦筒裙复合纹样的主体，这反映出在黎族传统社会中，人与牛（马）的关系已经比较密切，说明黎族社会已逐渐出现农耕文明的影子。

（三）人形纹和蛙纹是黎锦纹样的主要图案

黎锦筒裙纹样题材虽然非常多，但各种纹样出现的频率不一样，其中出现最多的是蛙纹和人形纹，原因有以下三点：

第一，蛙与人和黎族先民的社会生活息息相关，在黎锦的发生发展期对黎族来讲有着非常重要的意义。

第二，大量出现的蛙纹与人形纹同黎族社会的生产活动没有明显的直接关联，显示出它可能具有某种特殊的符号关系，这种符号关系由于诞生于人类社会的早期，因此，它内在可能与黎族先民的精神信仰有关。而它的形象性则显示出比较显著的图腾崇拜的特征。

第三，蛙纹与人形纹之间存在大量的蛙人形纹，说明二者之间一定有着内在的某种特定的传承关系。

第三节　黎族服饰色彩符号

中国的传统色彩在几千年的朝代更迭中经历了由简到繁的生长过程。通过特定的时代与地域的服饰色彩，可以感受到时尚潮流涌动的脉搏，在针线织就的经纬中感受色彩符号的魅力。五彩相缀的黎锦、黎族筒裙早已闻名遐迩，黎族的祖先不但能用树根、树皮、树叶、藤等植物配制各色的染料，用于染制纺织品，还能用各种颜色来表达一定的意境。所用的颜色，各有不同的表意作用，成了黎族的第二种语言——无声的色彩语言。

黎族服饰的色彩语言，是指黎族在特定的生活和生产条件下用来表示共同心理并能共同会意的颜色或颜色符号。中华人民共和国成立前，黎族没有本民族的文字，世世代代靠结绳、刻木记事，靠口头语言进行交流和传播文化，因而口头文化十分丰富。在日常的交际、劳动中，黎族祖先除了使用口头语言外，色彩语言的应用也十分广泛。色彩语言主要以不同色彩为标志，即用各种颜色或颜色符号来象征某一事物，或寄托某种愿望。散居在海南省中南部地区的黎族，在口头语言上虽有明显的地域差异，但色彩语言的应用方式和表意范围却较为一致。

一、黎族服饰的常用色彩

（一）黑色

没有任何文字记载能够告诉我们先民是如何认识黑色的。中国有一种比较独特的色彩——墨色，其呈现了黑色独特的美。笔走龙蛇是山峰蜿蜒，侧峰游走是山溪动态，黑色就这样走进了文人的画卷，也走进了女子的梳妆。唐代，墨的生产普及化之后，女子就开始把墨烧成烟，调上香油，拌上香料，做成画眉墨。这与文人的墨制造原理是一样的。唐代诗人徐凝在诗中描写杨贵妃："一日新妆抛旧样，六宫争画黑烟眉。"这就是贵妃用画眉墨画眉毛的妆容。

中国黑色之美，是美好情感含蓄的表达，是文人笔下一抹墨色意境的描绘，是万千色彩最美的衬托，是告别一天的喧嚣之后，静谧夜晚的沉淀。黑色对于大多数人来讲是必不可少的颜色，因为黑色永远都是百搭的，不管穿什么样的衣服，永远都不过时。人们对黑色的印象就是时尚、前沿。时尚品鉴人张宇曾说过："只有时髦的人才能驾驭黑色。"一个人如果有能力恰如其分地处理好黑色穿搭，就可以体现出这个人的时尚度。

在黎族，黑色表示吉祥、永久、庄重与驱邪逐妖。能表意的黑色物有黑锅底灰、黑布、黑纺线、黑色禽畜等。居住在乐东、东方、昌江、白沙、琼中、五指山等县市的大部分黎族，在过去给男孩子订婚时，男方的父母要用事先准备好的糯米稻草烧成灰，然后取一定量的灰与糯米拌在一起蒸熟，这是象征吉祥、永久的订婚礼品。

黎族女子的头巾，有些是两端黑白相间，无垂缨，中间纯黑无图案；有些是两头留长约30cm的黑色垂缨，中间用黄、红、白、绿线绣各种图案。头巾两端的白色线条表示女子心灵的纯洁，中间的黑色表示女子的庄重，特别是那黑色的垂条，遮住了脸庞的一侧，既表示女子的庄重，不随便抛头露面，同时也表示遮挡邪魔。

（二）红色

红色是代表中国人精神的一种颜色。红色是火焰的颜色、太阳的颜色、血液的颜色，也是我们始终眷恋的中国颜色。五千年来尚红习俗的演变，记载了中国人的心路历程。新生的孩子穿红肚兜、绑红绳，承载了家人对孩子的美好祝愿。正衣冠、点朱砂开笔启蒙代表了师长对孩子们的殷切希望。从十里红妆到状元锦袍，红色的出现常常伴随人生大事。

红色表示人的尊严、权贵，民间认为可驱恶挡魔，谓之仙人之色。黎族在旧时崇拜红色，如用红公鸡祭天神，祭祖先的“灵魂”，或“唤回”病人的“游魂”（黎族过去认为人生病是灵魂离开人体所致）。在偏僻的山村现在尚可看见个别大人或小孩子的脖子、手腕、足等处系着红色的细绳圈，意为祈求上帝保佑，驱恶挡魔。

黎族男性的红头巾是区别尊卑、显示权贵的一种标志。在旧时，黎族的头人、峒主、有威望的长辈头上都缠着黑红双层的头巾。黑的一层表示威严稳重，红的一层表示德高望重或掌权的人。但因红黑色能驱恶挡魔保平安，所以后来红头巾就不再仅限于头人、峒主或长辈使用，一般男性也可以缠戴。

（三）黄色

黄色自古以来被人们所青睐。黄色是希望的颜色，金黄色的稻田、金黄色的油菜花，还有金色的阳光等，寓意着希望和丰收。黄色在黎族人眼中被认为是最美的颜色，并以黄色象征男性的健美、精力的充沛和性格的刚强。黄色也是女子织绣筒裙、花被、花腰带的主色。用黄色衬饰红、绿、白等色，象征人们富有生机活力，平安长寿。

过去在民间黄色也是区分穷富的标志，比如谁家有黄色的铜锣、项圈、陶器等，人们会认为这家人很富有。

（四）绿色

绿色是万物生灵的颜色，也是古人身边信手拈来的时尚灵感。相传伏羲氏把绿叶系在腰间，编织出了人类史上第一件衣物，被后人称作绿罗裙。从编织绿罗裙开始，人们取自然之物——树皮草木为绳，结绳为网，在伏羲的指引下，人类学会了用绿色编织帘幕、竹篮、草鞋、蓑衣等一些生活中可以使用的物品。古人用这些工具提高了自己的生产力，也提高了生活质量。现在的我们仍然可以在祖先留下来的手工艺里感受到绿色传承的匠心技艺。从棕编、席编到织布纺纱，一代又一代的中国人用传承之心编织着美好的生活。从节能减排到植树造林，每一个中国人都在努力编织着促进世界生态和谐的绿色。绿色是希望的颜色、是和平的颜色，是现代人弥足珍贵的无价之色。

绿色象征人的生命。黎族大部分人散居于山区，认为绿色是天地赋予的生命之色。用绿色表意，除了树枝树叶，还有绿布、绿色的纺线等。不少女子爱穿绿色衣裳，或用绿色纺线在其他颜色的衣裳上刺绣花卉、鱼虾、飞禽走兽等图案，以此表示女子容貌似花，能开花结果，传宗接代，也表示大地哺育万物之意。

黎族服饰色彩语言，流传广泛，表意丰富，内涵神秘。它虽在一定程度上夹杂着旧时代的迷信成分，但也闪烁着民族文化的光芒。它的产生和存在，反映了黎族文化的发展过程，有其自身的生命力和价值。

二、黎族服饰的色彩特征

黎族女子筒裙纹样的魅力除了造型丰富、形式多样以外，其在色彩的运用上也非常有特点。

（一）色彩鲜艳，生动欢快

黎锦筒裙的颜色一般都比较鲜艳，从而形成生动、欢快的整体效果。在各支系的黎锦筒裙中，以润方言区黎锦筒裙纹样最为鲜艳，往往采用大片大片的红色来织、绣纹样图案，其次为杞方言区，再次为哈方言区，赛方言区紧随其后，最后为美孚方言区。

赛方言区和美孚方言区的黎族女子筒裙整体色调往往比较灰暗和单一，但为了突出喜庆的感觉，常常在筒裙上装饰有一条色彩斑斓的彩带，其上专门织或绣有各种鲜艳的纹样。

（二）色彩对比鲜明

在黎族的赛方言区和美孚方言区，黎锦筒裙的底色通常为黑色或蓝色，为了突出纹样的地位和重要性，黎族女子往往以红色、黄色、白色作为基色来制作各种纹样，从而形成强烈的对比感，使纹样突出醒目。

同时，红色、黄色、白色纹样与黑色底纹的对比，往往又通过各种各样的线条装饰形成复杂的图案，从而更体现出黎族织锦的创造性和艺术性。

（三）红黄主调

黎锦筒裙纹样是解读黎锦的核心内容，其色彩作为黎锦艺术的形式之一，起着稳定情绪、情感与性格的作用，因此，它也是理解黎锦筒裙纹样艺术、理解黎族人民内在审美心理的一个关键性符码。

从形式上来看，各支系黎锦筒裙纹样的色彩斑斓各异，似乎没有内在规律可循，但如果仔细辨别，可以发现在众多的黎锦筒裙纹样间有一个共同的色彩特点，那就是喜欢采用红色或黄色作为纹样的主色调。

对红色和黄色的喜爱不仅局限于黎族内部，这种色彩偏爱甚至体现在整个中华民族内部，对此，梁一儒先生在《中国人审美心理研究》一书中对中国人独特的色彩审美进行了论述，指出“先秦以降，中国人又对红黄二色情有独钟，兴味持续不衰……红黄二色对心灵的震撼是强烈的，反映出中国人对‘刚健、笃实、辉光’传统审美理想的心理需求。”可以说，在漫长的中国历史中，红、黄二色具有极其重要的地位，也奠定了它们在中国人民内心深处积淀的深厚性。

这种对色彩的共同偏好，使我们可以从一个侧面理解黎族与汉族在民族性上的内在一致性。除此之外，黎族女子筒裙纹样还借鉴和吸收了包括汉族、壮族、苗族等其他民族民间美术的相关图案，形成了特点鲜明、内涵丰富、变化多样的纹样图案。

第三章 哈方言区黎族服饰符号

哈方言过去叫作“俸”。但“俸”字过于生僻，意思不明确，故2001年海南省民族宗教事务厅等单位在编写大型画册《黎族传统文化》时，决定以“哈”字替代。并对原周边汉族对其的称呼“四星”“三星”分别改为“罗活”“抱怀”。在历史典籍中，哈方言还曾经有过“遐”“霞”“夏”等名称。

哈方言区黎族主要分布在乐东、陵水、昌江、白沙四个黎族自治县和三亚、东方二市，其内部又有许多种土语。根据发音、语调和习俗等因素，哈方言区内部还可以分为罗活、抱怀、哈应、抱由、志强、抱曼等土语区。其中，罗活分布在乐东盆地及盆地边沿，与哈方言区其他类型杂居，少量分布在东方市、白沙黎族自治县等地区。抱怀主要分散在望楼溪中游的千家镇永益村、福报村等地，在三亚市、东方市也有少量分布。哈应，又称“哈炎”，主要分布在黎族地区边缘地带的三亚市、陵水黎族自治县、东方市等地区。哈方言区的哈应土语人群，居住在沿海平原边缘的山地，与汉族毗邻或杂居，受汉族文化影响较深，一般都懂汉语。

第一节　哈方言区黎族服饰特点

由于哈方言区群居住环境复杂，地域分布较广，因此其服饰款式多样、图案丰富。除了哈应、抱怀小支之外，其他小支的服饰具有共同特点：上衣为对襟无领无纽有袖衣，前摆长，后摆短，饰边繁简不一；筒裙为中长款式，花纹图案丰富，色彩艳丽；个别小支喜爱项圈和大耳环，大多不佩戴头巾。如图3-1所示，为哈方言区黎族女子服饰。

图3-1　哈方言区黎族女子服饰

一、哈方言区黎族女子服饰特点

哈方言区黎族居住的地域和生活环境最为复杂，而且语言也十分丰富，即使在同一个地区也多有不同土语。语言不一样，服饰也不一样。哈方言区黎族女子服饰主要包括罗活传统、抱怀传统、哈应传统三种。

（一）罗活传统女子服饰特点

罗活传统在各个方言区黎族中最为复杂，语言最为丰富，因此女子服饰也是丰富多彩，各具特色。罗活女子穿短筒裙，裙长不及膝部，图案华丽。上衣为敞胸长袖无领无纽，前下摆长，后下摆短，有平常服和盛装服之分。平常穿的服饰花纹图案较为简单，色彩以黑色为主，也有深蓝色（图3–2）。女子在盛装时，上衣有重叠并且织有几层不同色彩的花纹图案，从外表看，像穿了几件衣服。服饰图案多是反映日常生活、生产劳动的纹样以及动物纹和植物纹。下面就罗活传统女子常服、礼服进行分述。

图3–2　罗活传统女子常服

1．罗活传统女子常服

上衣：无领、无纽、中长袖的对襟衣。上衣前襟下摆长，后襟下摆短，左右对襟，下摆四周、袖口等处以彩色锦布条镶边，胸前左右衣襟各有一根小系绳代替纽扣。衣后背有一条红色或白色背缝线。

下装：中筒裙，长及膝盖下方，由筒头、筒腰、筒身三幅黎锦组成。

配饰：银铜铝质的多重式耳环、铃式耳环、扁式耳环、钩式耳环、手镯、脚环等。多重式耳环为哈方言区罗活土语小支女子独有佩饰，女子从小每患病一次都必戴一个实心圆耳环，每只耳朵可累加佩戴十几个，平时将大耳环叠扣于头顶，待客时放下来以示尊重客人。

纹样：上衣左右衣襟各刺绣一块长条形花纹图案作为襟花，内部刺绣人形纹、蛙纹、鸟纹、鱼纹等，衣后背下摆背缝线下端左右各刺绣一个红色、黄色、白色等色彩的蛙纹或人形纹，作为氏族标志。筒裙通体织造丰富的彩色花纹图案，有人形纹、蛙纹、鱼纹、螃蟹纹、黄猄纹、植物纹、花卉纹等。

色彩：上衣以蓝色、黑色为主，装饰图案以红色、黄色、绿色、白色等色彩相间。筒裙以红色、黄色、白色、绿色等颜色的花纹图案相间。

2．罗活传统女子礼服

上衣：无领、无纽、中长袖的对襟衣。上衣前襟下摆长，后襟下摆短，左右对襟、下摆四周、袖口等处以彩色锦布条镶边，胸前左右衣襟各有一根小系绳代替纽扣。衣后背有一条红色或白色背缝线，四周下沿留有细穗条，其中多系铜钱、铜铃、绒穗等。俗称“女大礼服”。

下装：中筒裙，长及膝盖下方，由筒头、筒腰、筒身三幅黎锦组成。

配饰：银铜铝质的多重式耳环、铃式耳环、扁式耳环、钩式耳环、手镯、脚环等。

纹样：上衣左右衣襟各刺绣一块长条形花纹图案作为襟花，内部刺绣人形纹、蛙纹、鸟纹、鱼纹等。上衣后背下摆背缝线下端左右各刺绣一个红色、黄色、白色等色彩的蛙纹或人形纹，作为氏族标志。筒裙通体织造丰富的彩色花纹图案，有人形纹、蛙纹、鱼纹、螃蟹纹、黄猄纹、植物纹、花卉纹等。

色彩：上衣、筒裙以红色、黄色、蓝色、绿色、白色等颜色相间。

（二）抱怀传统女子服饰特点

抱怀传统至今仍保留着传统的纺织技术，抱怀女子只要有空闲就纺织黎锦。抱怀服饰最具有特色的是筒裙。筒裙很长，直至脚踝，是哈方言区中最长的筒裙。这种裙子也可以当作背孩子的背带，或用来背物。抱怀筒裙仍然保留很多的传统图案和技术。花纹图案从裙头、裙腰直至底端都织绣着绚丽多姿的花纹图案，而且每个花纹图案都有独特的意义。按照活动性质来分，抱怀传统的男装分为常服和祭祀服，女装分为常服和礼服两种，形式基本一样，只不过是材料和花纹图案不同而已。下面就抱怀传统女子常服、礼服进行分述。

1．抱怀传统女子常服

上衣：一种为圆领、有纽、长袖对襟衣，衣前后下摆等长，素面，以蓝色、绿色等彩色布条包边；另一种为无领、无纽、中长袖对襟衣，衣前下摆长，后下摆短，胸前左右衣襟各有一根小系绳代替纽扣。圆领、有纽对襟衣用于日常穿着（图3-3），也可作为新娘上装；无领、无纽对襟衣常用作丧葬等场面。

图3-3　抱怀女子常服

下装：长筒裙，长及小腿下方，筒裙由筒头、筒身、筒尾三幅黎锦组成。

配饰：头戴绣有精致图案的头巾，戴耳环。

纹样：圆领、有纽、上衣素面；无领、无纽、上衣胸前左右衣襟各刺绣一块纵向的长条形图案作为襟花，内有人形纹、鸟纹、鱼纹等，衣后下摆四周刺绣人形纹、蛙纹、水波纹等装饰纹样，衣背缝线下端左右各刺绣一个红色、黄色、白色等色彩的人形纹或蛙纹，作为氏族部落的标志。筒裙通体织造红色、黑色、白色三种色彩为主调的花纹图案，有人形纹、蛙纹、鱼纹、鸟纹、鹿纹、人骑马纹、星点纹、槟榔树纹等。

色彩：上衣以蓝、黑色为主调，间饰红色、黄色、蓝色、绿色等色彩。筒裙色彩复杂多样，以红色、黄色、白色、绿色等颜色的花纹图案相间。

2．抱怀传统女子礼服

上衣：一种为圆领、有纽、长袖对襟衣，衣前后下摆等长，素面，以蓝色、绿色等彩色布条包边；另一种为无领、无纽、中长袖对襟衣，衣前下摆长，后下摆短，胸前左右衣襟各有一根小系绳代替纽扣。圆领、有纽对襟衣为日常穿着，也可作为新娘上装；无领、无纽对襟衣常用作丧葬等场面。

下装：长筒裙，长及小腿下方，筒裙由筒头、筒身、筒尾三幅黎锦组成。有婚礼服筒裙和祭祀服筒裙，婚礼服为红、黑、白色花纹图案为主调的织花筒裙（图3–4）。

图3–4　抱怀女子婚礼服饰

配饰：簪、钗、扁式圆形项圈、扁式耳环、铃式耳环、钩式耳环、银铜质手镯、银铜环等。

纹样：婚礼服上衣素面，婚礼服筒裙筒头为向星点纹，筒身与筒尾合二为一，色彩鲜艳，由人形纹、蛙纹、植物纹组成。

色彩：上衣以蓝色、黑色为主调。婚礼服筒裙为黑色、白色、红色相间的特色筒裙。

（三）哈应传统女子服饰特点

哈应传统女子的服饰丰富多彩，式样多，花纹图案也最为复杂。哈应女子穿长而宽大的筒裙，裙长至膝或脚踝。平时所穿的服饰，无论上衣还是筒裙、头巾等都是以黑色为主，从整体上看全身都是黑色，只有裙尾和头巾尾部有精美而变化多样的图案（图3–5）。下面就哈应传统

图3-5　哈应传统女子服饰

图3-6　哈应女子常服

女子的常服、礼服进行分述。

1. 哈应传统女子常服

上衣：圆领，无纽扣，主要以短红色的小绳线或短红布条扎系，长袖对襟衣，腰下左右两边各开衩口。上衣对襟的左右两边及衣下端边缘部分织绣有菱形纹、几何形花纹图案，前后襟等长。衣领用红布镶边或绣花边作为一种装饰。圆领有纽的对襟衣为三亚市、陵水黎族自治县等地的哈应小支女子上衣。东方市公爱、感城等地的哈应小支则穿戴无领无纽长袖对襟衣，胸前左右衣片有纵向长方形襟花，衣后背下摆正中间缝一块织花锦布，衣背正中有一条纵向红色背缝线，背缝线下端左右各刺绣一个人形纹或蛙纹。昌江黎族自治县十月田地区的哈应小支则穿琵琶襟衣。

下装：筒裙宽而长，一般长度及脚踝，由筒头、筒腰、筒身、筒尾四幅黎锦组成。筒裙腰下主要部位的花纹为彩条经纬线，织绣有色彩艳丽的花纹图案（图3-6）。

配饰：哈应传统女子喜欢佩戴大型银耳环，盛装打扮时，手、脚都戴银镯，颈戴银项圈。左右耳各戴一个耳环，手镯1～3个、脚环1～3个藏于左右手腕、脚踝。另外，还经常戴黑色长条头巾、彩色织锦头巾。青年女子的头巾两端织绣有各种精美的花纹图案。

纹样：上衣素面无装饰花纹图案，领口、袖口、左右开衩处、衣边沿等均以黄色、蓝色、白色等布条包边。筒裙筒头、筒腰以黑色为底调，多以水波纹为主；筒身与筒尾部分为彩织锦布，以人形纹、鱼纹、蛙纹、几何纹、横条纹为主。头巾两端刺绣一方块形彩色精美图案，以人形纹、动物纹、水波纹为主。

色彩：上衣以蓝色、黑色为主，筒身与筒尾部分以红色、黄色、白色、绿色等色彩相间，以通经断纬法为服装面料的编制手工艺方法。

2. 哈应传统女子礼服

上衣：圆领、无纽扣，主要以短红色的小绳线或短红布条扎系，长袖对襟衣，腰下左右两边各开衩口，上衣对襟的左右两边及衣下端边缘部分织绣有菱形纹、几何形花纹图案，前后襟等长，衣领用红布镶边或绣花边作为一种装饰。

下装：筒裙宽而长，一般长度及脚踝，由筒头、筒腰、筒身、筒尾四幅黎锦组成。筒裙腰下主要部位的花纹为彩条经纬线，织绣有色彩艳丽的花纹图案。筒裙有婚礼筒裙、常装筒裙。新娘有特制的婚礼筒裙，筒裙的四块锦布均织造精美花纹图案，筒头以水波纹为主，筒腰以人物为主，体现婚礼中的“迎娶”“送娘”“送礼”等婚庆场面，筒身与筒尾常合二为一，以连续排列的小型人形纹为主。

图3-7　哈应女子礼服

配饰：有簪、钗、耳环、手镯等。胸牌仅为新娘结婚时佩戴，挂于颈上，垂于胸前；簪、钗常插于发髻或长布条头巾上，左右耳各戴一个耳环，手镯1～3个戴于左右手腕。另外，还佩戴头巾或黑色长条头巾，或者是彩色织锦头巾（图3-7）。

纹样：东方市感城、公爱等地的女子上衣胸前有对襟花，多绣菱形几何纹、鱼纹、人形纹等，后背有背花，多绣人形纹、蛙纹、鸟纹或蝶翅纹，衣背下部左右有图腾纹样，以蛙纹、人形纹为主；三亚市、陵水黎族自治县的哈应女子上衣多素面。筒裙的筒头、筒腰多为几何纹、水波纹、动植物纹等，筒身有描绘婚礼中人物的活动场面，也有单纯的人形纹、鸟纹、蛙纹等，筒尾多为人形纹、水波纹、鸟纹等。头巾两端刺绣一方块形彩色精美图案，以人形纹、动物纹、水波纹为主。

色彩：以黑色为基调，显得坚实、庄重。上衣以蓝色、黑色为主，袖口、左右开衩处、衣边缘等以黄色、蓝色、白色等颜色布条或彩色几何纹锦布包边。筒裙色彩鲜艳亮丽，繁杂多样，以红色、黄色、蓝色、绿色、黑色、白色等相间。

二、哈方言区黎族男子服饰特点

哈方言区黎族男子的服饰特征大体是一致的。归纳起来是：上装敞胸式，无领，上衣下面常垂流苏，无纽扣，穿着时以绳系紧。下装为“丁”字形腰布，俗称“包卵布”，古称“犊鼻裈”。颜色除了浅黄色，还有灰白色（图3-8）。

哈方言区黎族男子传统的发式为长发，有结髻于额前似角形状。这种发式与四川、云南、贵州彝族男子的发式相似，但比彝族男子所打扮的还要复杂。哈方言区黎族男子的发式是经两耳上通过头顶弓形梳成前后两个部分，把头颅前面的一半头发卷成束，把头颅后面的头发和前面的另一绺缠在一起，然后与前面卷成束的头发在额上（稍偏右）结成有角的髻。哈方言区黎族男子很重视梳理头发，无论在任何时候，都在髻上插着小木梳。乐东头塘一带操罗活土语的男子结长而尖的髻发于额前，常插一把木梳和1～2根刺猬毛，并缠上两边绣花的黑头帕。

图3-8　哈方言区男子服饰

第二节　哈方言区黎族服饰图案符号分析

哈方言区黎族分布范围最广，女子织锦花纹图案十分丰富和繁杂，服饰的风格、款式各异。罗活传统女子织锦的花纹图案以人形纹、几何纹为主，衬以动植物纹饰。抱怀传统女子织锦的花纹图案，仍保留传统花纹图案，主要流行的花纹图案是鸟纹、乌鸦纹、人形纹，衬以动植物纹饰。哈应传统女子织锦多以绣为技，常见的花纹图案有人形纹、动植物纹、菱形纹、几何纹、花卉纹，衬以龟纹、鳖纹。哈方言区服饰中的牛耕图、婚礼图、舞蹈图、龙被等是黎族织锦中的佳作。

一、哈方言区黎族服饰图案纹样来源

哈方言区黎族女子在长期的生活和社会实践中创造出缤纷多彩的艺术图案，这些服饰图案的主题以人物纹样为主，并且涉及动物、植物、器物、几何抽象图案等。其中典型的图案有人物纹（先祖纹）、群舞纹、斑鸠纹、牛纹、马纹、鸡纹、鹿纹、蟒纹、蜂窝纹、白藤纹、菱形纹、方孔钱纹等。哈方言区中还有一些传统会在衣服背后、后摆以及筒裙裙身的中心位置上绣本族的族徽图案，以此作为氏族标志。

哈方言区织锦的取材多以该方言区的农耕、娱乐等为内容进行组合创作，如反映黎族农耕驯牛习俗的驯牛图、反映娱乐竞技场面的秋千图等。哈方言区织锦创作题材的出现，标志着黎族织锦在题材和艺术表现上对传统黎锦的新突破。

哈方言区服饰符号表现的题材内容较丰富多样，造型生动活泼，构图饱满灵活，色彩对比热烈，概括性很强。人形纹是哈方言区筒裙中最为广泛使用的图案纹样。其中最具代表性的是人们常说的哈应婚礼服，婚礼图主要流行在乐东黎族自治县、三亚市、东方市等市县，图案以人形纹为主，在显著的地方嵌入云母片、银箔或者插入漂亮的羽毛等，在阳光的照耀下闪闪发光。哈方言区黎族人会在结婚时穿戴带有这种图案的服饰，具有典型的哈方言区风格（图3-9）。

图3-9　哈方言区的婚礼图

舞蹈图则常常出现在哈应女子服饰的长裙的花边上作为装饰图案，在裙尾处通常会绣上30cm多宽的舞蹈图纹样，图案列为三排，图案中男、女、小孩各一排，共百余人，图中人物双手叉腰或举手群舞。舞蹈图中的舞蹈人物造型姿态丰富多彩、栩栩如生（图3-10）。从舞蹈图织锦画面可以看到每逢喜庆传统节日“三月三”，人们都身着民族盛装，从四面八方云集在一起，男女青年手拉手，载歌载舞。他们舞步整齐、姿态优美、气氛欢快，充满了青春活力。人形纹在织锦中的大量出现，一方面表达了哈方言区人民对祖先们的敬仰与崇拜之情，在族人的观念中，逝世的祖先拥有着灵魂，并且会一直守护着他们，帮助他们避开困

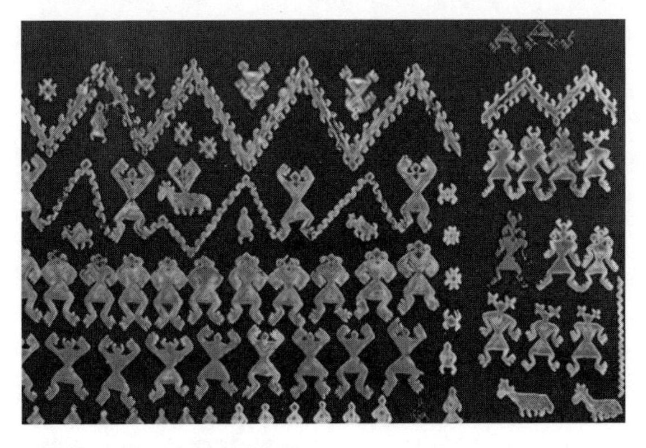

图3-10　哈方言区的舞蹈图

境，获得平安健康；另一方面，表达了哈方言区人民对人丁兴旺、子孙满堂美好愿望的追求。服饰上的人形纹也并非单独出现在织锦中，而是采用二方连续的方法进行横向排列，并且以动物纹、植物纹为辅加以点缀，织造出丰富的图案内容。

二、哈方言区黎族服饰图案结构特点

点、线、面是黎锦图案中的基本元素，其中线的元素运用最多，它是支撑图案的骨架，几乎没有弧线。图案的构成形式分为归纳法、夸张法、重复法（形成节奏的韵律）、近似法、对比法等。在哈方言区装饰图案的构成中，多以线的构成为主，这主要是因为传统织造技术条件所限。黎锦中织制弧线时需要使用多于直线或者是多于斜线很多倍的提综杆才可以实现，而黎族独特的织锦工具——踞腰织机，没有支架，没有脚踏，仅依靠人的腰部和脚部的力量将几根木棍撑起，织锦的宽度以腰部宽度为准，而且这一宽度也是因人而异。在这样有限的宽度内不可能容纳下过多的提综杆，所以弧线的图案就没有办法实现。黎锦中的线条通常都为直线、斜线或者折线，通过疏密、粗细、长短进行排列。所以哈方言区黎族利用基本元素线在筒裙裙身部分织一条醒目的蓝底白纹的彩色织条，宽约3cm，其下横向编织有排列整齐的方状格、红白相间的几何纹，一般分为3～4栏。筒裙的图案还是以人形纹为主，再次体现了黎族人对祖先的崇高敬意。大部分人形纹和抽象化几何纹都会运用重复法、二方连续法使筒裙整体图案形成节奏和韵律。例如，哈应传统女子筒裙通常分为裙头、裙腰、裙身、裙尾四个部分。裙头的部分基本上以横线纹为主，裙腰的部分为一条彩色的织条，高度约3cm；裙身部分高度约15cm，横向织有标志性的纹样，以人形纹为主，个别的部位也有抽象化的鸟纹或者蛙纹；裙尾部分则织有各种几何纹样，以蛙纹和人形纹为主。筒裙整体由宽度相等的彩色织条进行横向划分，再以人形纹作二方连续进行裙身的纵向形分割，两种图形中间的分割用相同的彩色织条进行间隔，使筒裙整体看起来横竖排列整齐、清晰、简练，色彩搭配丰富。

三、哈方言区黎族服饰图案色彩寓意

哈方言地区的黎族服饰图案题材十分丰富，图案背后的寓意与象征也各不相同。哈方言区图案纹样有动物、植物、自然、天文等。动物图案纹样来源于牛、鸟、鱼、蛙等；植物图案纹样来源于稻谷、木棉花、番薯、芭蕉等；自然和天文图案纹样来源于河流、日、月、星辰等。哈方言区女性将这些事物通过自己的主观联想加以提炼，用简化的、抽象手法表现在服饰当中，不是单纯的再现，而是具有特定的含义。例如，哈方言区筒裙中出现较多的蛙纹，其来源于现实中青蛙的形象，青蛙能够消灭害虫，有益于庄稼的生长，保护粮食的丰收，因此备受黎族百姓的崇拜，被视为吉祥之物。哈方言区黎族女子用各种艳丽的颜色将蛙纹绣在筒裙服饰上，祈求蛙神保佑人们四季平安、五谷丰登，表达人们向往幸福而美好的生活和吉祥如意的心愿。哈方言区支系非常善于创作场面生动的图纹，如抬轿迎亲图和驯牛图等。不同的花纹图案有着不同的功用，如鸡纹裙和马纹裙，分别在宴会和葬礼上穿用。

哈方言区黎族女子筒裙中也出现有鹿纹和龟纹纹样（图3-11）。鹿和龟在黎族都被视为灵物。鹿，在黎族民间被视为“仁兽”。传说，鹿是瑶光（即祥瑞之光）散开而生成的，它能兆祥瑞。“鹿”与“禄”谐音，寓有福、禄、寿之意。在传统的寿画中，它常与寿星为伴，以祝长寿。在织锦中，鹿不仅是最好的纹样，更是吉祥、幸福、平安的象征。哈方言

图3-11　哈方言区黎族女子筒裙中的龟纹纹样

区黎族女子将鹿纹织在筒裙上，体现了对生活幸福、平安的美好向往。龟象征着不朽和长寿，它是一种神秘而蕴藏着丰富、深邃文化内涵的动物。在织锦中，龟纹图里织绣“巴”纹样，表示“万寿”之意，寓意常年万寿、天长日久。作为筒裙装饰图案纹样，龟不仅丰富了筒裙的内容，更是人们对身体健康、延年益寿的美好期望。

哈方言区黎族女子筒裙中织制纹样的颜色有很多。例如，红色表示人的尊严、权贵，也可赶恶挡魔，谓仙人之色。黎族在旧时（现在仍有些人）偏爱于红色，如用红色的细绳圈，意为祈求上帝保佑，赶恶驱魔。又如绿色，象征着人的生命，因为黎族大部分散居于山区，所以他们认为绿色是天地赋予的生命之色。有一些黎家的门户上插着刚刚折回的新鲜树枝，表示这家人已经得到上帝的庇护，邪魔不能够侵入，这家人会平平安安。有些女子抱孩子远行探亲拜友或者回家的途中，嘴上通常会衔着一片绿叶或者在竹笠上插一段树枝，意思是鬼不能跟踪，母子一路平安。绿色表意除了使用树枝树叶之外，还有绿布和绿色纺线等，寓意着能开花结果、传宗接代，也表示大地哺育万物等吉祥之意。这些纹样信仰在哈方言区族人间世代相传，形成了哈方言区独特的文化特色。

此外，哈方言区黎族服饰图案纹样还有几何文字、图案。几何纹样与润方言区黎锦筒裙纹样大体相似，只是纹样的变化更为繁多，形式更为丰富。字符纹样主要以一些外来文字、符号为表现对象，体现出较强的文化融合性。

第四章

杞方言区黎族服饰符号

有关杞方言区黎族的记载，最早出现于记录中国明代社会状况的著作《天下郡国利病书》，该书第十九册有载："生黎之外，五指之中，历代不化者为歧。又云，复论为歧，即黎之遐者。"另有光绪年间的《崖州志·黎防——黎情》记载："生黎中另有生歧，生歧鲜食，裸体无衣，仅以椰壳掩乳及下体……"这些文字记载了当时杞方言区黎族人的生活状态。"杞"是近代才运用的简化字，在很多古代文献资料中，曾大量出现"歧""岐"等字，所指的都是现在的杞方言区。关于杞方言区黎族的迁徙，有学者解释："杞、美孚、哈方言是从海南南方绕过崖州进入到海南的，后被哈方言逐渐驱逐到五指山腹地居住。"也有人认为，杞方言区黎族和美孚方言区黎族来自内陆的掸族。但大部分学者认为黎族的迁徙地是内陆两广地区，是古代骆越的一支。骆越是我国南方的古老民族，大约在新石器时代中期甚至更早就开始向南方迁徙，陆续进入海南岛。

杞方言区黎族分布较广，主要聚居在五指山腹地的周边地区，如保亭黎族苗族自治县和琼中黎族苗族自治县。部分散居在乐东黎族自治县（尖峰）、昌江黎族自治县、陵水黎族自治县、万宁市、琼海市等市县。杞方言区人口约占黎族人口的24%，仅次于哈方言区的人口。杞方言区因居住地域的不同，虽然语言上基本相同，但在其他文化特征方面，各地表现出较大的差异，尤其中心地区与外围区的差别。居住在五指山周围中心地区的杞方言，在过去汉族称其为"生铁黎"。"生铁黎"中因地域及服饰上的差别，又可分为"大""小""生铁""吊幢"等几个小的分支。

第一节　杞方言区黎族服饰特点

杞方言区黎族分布较广，不同的地理环境、社会环境、文化背景和所接受汉文化影响程度的差异，导致了不同的服饰特征。尤其因为地区间经济发展不平衡、人口流动迁徙和五个支系之间交流的影响，杞方言区服饰的款式造型、装饰风格、搭配组合呈现出明显的地域特征（图4–1）。

图4–1　杞方言区黎族女子服饰

一、杞方言区黎族女子服饰特点

杞方言区黎族女子的服饰相比男子服饰而言，在形式内容上复杂多样，形式不再单调，且文化内涵丰富，服装图案精彩绝伦，让人目眩神迷。杞方言区黎族女子服饰古朴大方，典雅秀丽，内容丰富，图案独特，织绣结合，具有较高的审美价值。杞方言区黎族女子所穿的圆领长袖、对襟无纽上衣和及膝筒裙的组合，是人们区别杞方言区黎族和其他方言区黎族的标志，其精美的款式，深刻的图案寓意，独特的织造刺绣技术中，体现出杞方言区黎族女子服饰多样的装饰语言。杞方言区女性服饰经历了形成—发展—变化—发展的过程，到明清以后，服饰发展到了鼎盛时期，也就形成了现如今杞方言区独特的女性服饰风格。

据考证，杞方言区的服饰图案种类达百余种，且服饰款式、图案、色彩、制作工艺都各有特色，这也体现了黎族服饰文化的博大精深、源远流长及黎族女性的聪明才智。与大部分南方少数民族女子服饰一样，杞方言区黎族女子服饰由上衣下裙的形式组成，分上衣、筒裙和头饰三部分，部分地区女性穿肚兜。上衣存在两种形制，一种形制特点是无领或立领，对襟、长袖；另一种是立领、偏襟、窄袖，以深蓝色和黑色为底，下摆背后和袖口绣花。下裙为筒状短裙，又称筒裙，长度多及膝，根据生产环境和生活方便的需要，或长而宽，或短而窄。穿着长筒裙的杞方言区黎族女子主要生活在平原地区或小丘陵地带，物质生活条件较好，接受汉族文化影响较早、较多，如保亭黎族苗族自治县的保城、响水等地区。而穿短筒裙的杞方言区黎族女子则主要是居住在山涧、小溪、河流等地带，如五指山、琼中等地区。穿短筒裙与自然环境相适应，更适于跋山涉水。肚兜是琼中、陵水、大里乡等地“女性身上内着的菱形胸挂”，多为白色。头饰有头巾、头帕、绣花带三种，各地在装饰上有细微差别。其他配饰还有各种头钗、不同材质的项圈及胸挂等（图4–2）。

图4–2　五指山市水满乡杞方言区黎族女子服饰

杞方言区黎族服饰文化差异很大。按服饰款式区分，在琼中营根镇西南部、五指山市以东的水满乡以及陵水黎族自治县大里乡的杞方言区黎族女子服饰属于同一类型。

这一带杞方言区黎族女子所居住的地理环境都是高低不平的山区，所穿的筒裙都是长至膝的筒裙。筒裙色彩十分鲜艳，图案纹样丰富，以人形纹为主，动物纹为辅，也有植物纹样。有些地方由于筒裙花纹图案比较多且复杂，为了突出重点部位，女子在织好筒裙花纹图案后，再用色彩鲜艳的线刺绣勾勒纹样轮廓，以提高图案的色彩，故称为“牵”。牵的绣法在杞方言区较为普遍。哈方言区和润方言区也有这种绣法。此种绣法能使所织的筒裙图案轮廓更为清晰，形象也更鲜明。女子上衣为对襟圆领，或长袖无领、无纽，有一排圆形银牌的装饰，上衣黑色或深蓝色。上衣的装饰，仅用白布装边，衣前有袋花，衣后有腰花；衣的后背中间有作为族系标志的长柱形花纹图案。此外，女子头部缠着黑色或者有织绣花纹图案的头巾，盛装时，女子佩戴月形银制项圈和有色串珠。

在五指山市的通什盆地合亩制地区的杞方言区和保亭杞方言区属于

同一类，但女子服饰有很大差异。合亩制地区女子穿短筒裙，裙长不及膝盖，这一带的女子筒裙由裙头、裙身带、裙尾三块布料组成，色彩鲜艳，图案内容丰富，色块粗犷（图4–3）。图案纹样多是人形纹、植物纹，特别是花卉图案比较多。女子上衣多为黑色，也有深蓝色。长袖敞胸、对襟低领，无纽、无扣。衣领周围以及袖口用白色镶边，有的衣前摆处织绣精美的花纹图案。女子盛装时头部缠着织有花纹图案的头巾，这种头巾织制得比织筒裙还要精细，是一种精美的工艺品，色泽鲜艳绚丽。这种头巾是黎族其他方言区所没有的，具有浓郁的地方特色。

图4–3　五指山市合亩制地区杞方言区黎族女子服饰

在保亭的杞方言区和陵水西北部的杞方言区服饰基本一样，女子穿长筒裙，款式接近赛方言区的黎族女子服饰，但是花纹图案又有区别，筒裙从上到下织制着艳丽多彩的花纹图案。图案纹样多是水波纹、米粒纹、藤子纹及细线纹等，筒裙长而宽。女子上衣多为海水蓝或深蓝色，青年所穿的上衣有红、黄、绿、粉红等色彩。女子上衣为长袖抱胸、圆领、镶边，有布纽排列。盛装时，杞方言区黎族女子有头簪、手镯、耳环，颈上佩戴月形项圈，项圈上挂有很多小铃铛和小鱼、虾等动物形状的小型铅片。举行婚礼的新郎、新娘、伴郎、伴娘都要佩戴项圈，以体现婚礼的隆重。

昌江黎族自治县王下乡地理位置偏僻，交通不便，女子服饰别具一格。德国人汉斯·史图博（Hans Stubel）在海南岛调查时曾到过这里，并把这里的黎族称为“大岐黎”。这一带的杞方言区黎族女子穿短筒裙，裙长到膝盖，是由三块织有花纹图案的布料缝制而成，布料是黎族女子用海岛棉、木棉和野生麻纤维自染、自纺、自织而成。图案主要是波浪纹、蛇纹、几何纹等，主体颜色有红色、黄色，间以白色锯齿纹作横线。女子上衣的裁剪方法是典型的杞方言区上衣，上衣没有特别的开襟对称，前面和袖口没有明显的红花边。边上缝着绿色棉布带子，并把两块前襟系在一起。杞方言区黎族女子的头巾最具特色。它是用一种植物颜料染成深蓝色的粗布料，并在侧面纵向绣红色花边，两侧有由红、黄和蓝线织绣而成的花纹图案，头巾两端有精美的花纹图案，还有比较粗糙的流苏作为装饰。头巾卷在女子的头上，所以从前面看装饰是横向的，而长流苏飘在后面（图4-4）。女子盛装时有耳环、手镯和项圈作为装饰，也有用简单的铁线环穿上蓝色与白色的珠子。

图4-4　昌江黎族自治县王下乡杞方言区黎族女子服饰

在琼中黎族苗族自治县红毛镇、什运乡一带，女子上衣的袋花和腰花多为甘工鸟纹、花卉纹，腰花之上的后面有族系标志的短桂花，胸前系有红色镶边的黑色肚兜和红色肚兜。五指山市毛阳镇以及冲山镇的一部分杞方言区黎族女子上衣已无花纹图案和桂花，腰花也趋向简单。琼中黎族苗族自治县东南部的杞方言区黎族女子衣衫式样和红毛地区基本相同，但是肚兜是白色的，腰花之上绣有背花、肩花，筒裙与五指山市东部地区相同，但花纹图案多刺绣单色纹样，称为夹牵（图4-5）。

图4-5　琼中黎族苗族自治县什运乡杞方言区黎族女子服饰

二、杞方言区黎族男子服饰特点

杞方言区黎族男子服饰主要由腰布和上衣构成，但他们并不经常穿上衣（图4–6）。

杞方言区的腰布是由海岛棉或野生麻等纤维粗布制成。它由前后重叠的两条同样的布构成，而每条布又由上下两块布片缝合而成，上布片是菱形的，而菱形的下部则根据穿着者的腰部大小而异，宽55～75cm，与此相对应的短边是30～40cm，菱形高20～25cm，而相应的侧边是5～35cm。底边一侧缝着另一布片，这片布是方形的，矩形的长边与菱形的布片缝在一起，短边是20～25cm。菱形那部分的底边在其约一半的地方缝合，两方缝合的底边的全长正好贴在身体周围，依此方式腰布的前后两片扎在一起，底边没有缝合的双侧都有带子，用来将腰布紧扎在身上。就这样，腰部和大腿的前后部都被掩盖到膝盖上下，腰布下面方形部分的短边或往往同菱形部分缝合的长边有蓝与白或红与白的织上去或刺绣上去的简单狭窄花边。（图4–7）。

图4–6　杞方言区黎族男子服饰1

图4–7　杞方言区黎族男子服饰2

男子上衣无领、无袖、无纽扣，色彩多为灰色，仅用一根小绳子系着。其裁剪方式非常简单——把两块布料横叠并排，然后按身材进行剪裁。裁剪后将两块布的一侧缝在一起构成背部，不缝合的一侧构成上衣前侧，一般没有任何花边作为装饰，多在衣脚上扎穗子。杞方言区黎族男子的发式，多是将头发从两侧前后卷起做成额前髻，有的会插根铁质发簪固定结髻，有的则用细绳扎起发髻，并把小梳子插在头上。男子使用的头巾，色彩有蓝色、红色或蓝红相间。20世纪50年代以后，杞方言区黎族男子多改穿汉装，传统男性服饰演变为特殊服饰，不再是杞方言区黎族男子的日常着装。

第二节　杞方言区黎族服饰图案符号分析

杞方言区黎族传统服饰拥有独一无二的装饰语言和艺术特色，排列独特的纹样彰显着图腾的影响力，鲜明夸张的色彩张扬着个性与情感，富有节奏的造型传达着天人合一的特征，织绣结合的工艺表达黎族人民对美好生活的向往。尤其是服饰图案符号，更能代表杞方言区黎族人民审美的外在表达，反映杞方言区黎族人民的物质生活和精神世界。

一、杞方言区黎族服饰图案符号分类

杞方言区黎锦筒裙纹样有很多种，主要有动物纹样、植物纹样、人物纹样、字符纹样、复合纹样、几何纹样等。动物纹样中包含蛙纹、鸟纹、鱼纹、龟纹、螃蟹纹、羊纹、狗纹、老鼠纹等，其中蛙纹还细分为具象蛙纹、变形化蛙纹和简化蛙纹。具象蛙纹型与哈方言区黎锦筒裙纹样相似，但在表现形式上则较为简化，只表现出蛙的基本姿势和外形，而细节部分则基本省略。变形化蛙纹是杞方言区黎锦筒裙的基本纹样之一，纹样兼有润方言区黎锦筒裙纹样和哈方言区黎锦筒裙纹样的特点，有的侧重线条条化纹形的表现，有的则侧重具象化很强的蛙的局部细节部分，但总体特征都是在蛙的基本形态、基本姿势基础上夸张、变形而来。简化蛙纹也是杞方言区黎锦筒裙的基本纹样之一，纹样与润方言区筒裙纹样相似，但变化较少。

杞方言区植物纹样与哈方言区黎锦筒裙植物纹样相似，但种类更多，表现形式也更为丰富。人物纹样细分为蛙姿人形纹、具象人形纹和简化人形纹。蛙姿人形纹是杞方言区黎锦筒裙的基本纹样之一，与哈方言区黎锦筒裙蛙姿人形纹大体相似。具象人形纹也是杞方言区黎锦筒裙

的基本纹样之一，与哈方言区筒裙人形纹样基本相似，但表现形式与哈方言区相比则较少，主要体现为佩戴耳环。简化人形纹样与润方言区、哈方言区黎锦筒裙简化人形纹基本相似。

此外，字符纹样、复合纹样、几何纹样与哈方言区、润方言区黎锦筒裙纹样基本相似，但形式较为单一。

二、杞方言区黎族服饰图案符号特点

杞方言区黎族女子织锦款式多样，花纹图案绚美新颖，风格各异，题材丰富，图案以人形纹为主体，陪衬以自然界的太阳纹、动植物纹等，且纹饰表现手法形式多样，充满活力。因此下文主要以女子服饰图案为例，阐述杞方言区黎族服饰图案符号的特点。

杞方言区黎族女子服饰上的图案繁而不乱，奇异而富有美感，体现出鲜明的民族族群的特点。杞方言区服饰图案布局疏密结合，与苗族、彝族等少数民族的无空白装饰不同，杞方言区黎族女子上衣装饰图案较少，多为人祖纹、植物纹等固定装饰。而下身穿着的筒裙则布满了各式各样的主体图案，与局部装饰的上衣搭配，形成有层次感、空间感的穿着风格。杞方言区黎族服饰图案构成的种类繁多。同一套服饰，日月星辰、树木鸟兽、人物器皿等图案，往往是应有尽有。杞方言区黎族服饰写实图案多以抽象符号出现，服饰上写实性较强的自然物形象，为适应筒裙上纺织工艺的需求演变为由方形、三角形、直线等几何图形和线条组成的几何抽象符号。其中人形纹是应用最广泛的图案，如琼中黎族苗族自治县什运地区流行的百人形纹筒裙，全部是由各色人形纹组成，并且筒裙上的人形纹还有多种变形（图4–8）。

在五指山地区，主体图案的人形纹通常较长，细节丰富，辅体图案中出现的人形纹则一般只表现轮廓。上衣后片的主要刺绣题材还有长柱花、短柱花及植物花卉纹等。杞方言区装饰图案不仅题材多样，表现手法也充满变化。常见的有二方连续纹样、四方连续纹样和单独纹样等，呈现出一排排、一列列规则的图案。当图案按照一定的规则复制堆积到一定数量后即组合成面，带来新的视觉冲击，形成新的图案。

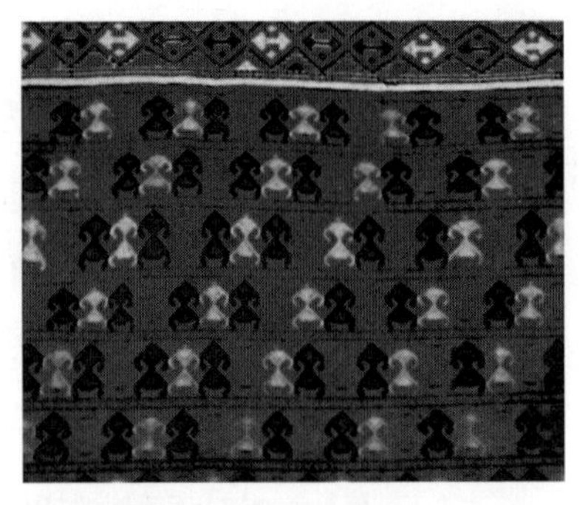

图4-8　琼中黎族苗族自治县什运地区黎族服饰百人形纹

除保亭型女子服饰，杞方言区各型女子服饰造型接近，在这相对稳定的服装款式与造型下，各型女子服饰上的装饰图案各不相同，图案中体现出族源象征、神灵崇拜及对自然生活的特殊感悟，是各型杞方言区黎族的魂魄所在。总的来说，杞方言区黎族女子服饰上的图案以色彩鲜艳闻名，特点是造型复杂、繁而不乱、构图大胆、夸张变形、色彩多样。

从造型上看，杞方言区黎族服饰图案能抓住自然物形象的主要特征并进行夸张、变形，最后以抽象符号来表现。因为筒裙、头巾图案的载体是织锦，故要符合织锦工艺的特点，刺绣图案则分两种情况，一种是上衣刺绣，另一种是筒裙刺绣。上衣刺绣图案从风格、技法、表现形式上都与织锦图案相呼应，使上衣下裙成为一个整体，筒裙上的刺绣则附着在织锦上，用于点缀织造好的图案，所以图案风格也与织锦图案相一致。从色彩构成上看，上衣图案追求浓郁与厚重，多运用黑、白、红三色形成强烈对比；筒裙图案色彩则更为丰富，且讲究有规则的排列。

（一）杞方言区黎族上衣图案

杞方言区黎族上衣图案的组成形式与织锦图案类似，以方块分割、直线组合为主，曲线应用仍然较少。五指山市通什镇杞方言区的上衣中兼作衣袋的装饰绣片（图4-9），一般被横向分割为1∶3的两个长方形，上方多用黑色花边平均分割为4~6个长方形，内填图案，有渔网纹、鸟纹、汉字纹等，多作色彩上的变化；下方的方块多以红色布作为边饰，接着进行多种分割，常见的有以方形为基本形，以形的变化构成渐变式结构及纵向等量分割。花纹包围着四层排列紧密的三角形纹样，三角形尖头向内有视线集中之感，正中圈出来的部分施以对称图案或再作分割。其中，最外围的方框代表锁，四层三角形联排图案代表一层一层的门，最中心的两个菱形花纹代表门上的花纹，门和锁的组合体现了杞方言区黎族人对家庭的重视。现当代的刺绣图案“社会主义好”“幸福”等汉字纹体现了现代文明、社会制度对杞方言区黎族传统服饰图案题材的影响；以“双喜”为主体图案，也表明杞方言区黎族婚俗观念受到汉族的影响。一些上衣采用了等量分割的手法，分别将其主体图案鸟纹、字纹、田地纹作平铺排列，通过数量的重复、色彩的对比，给人以强烈、鲜明的感觉。

图4-9　五指山市通什镇杞方言区黎族服饰装饰绣片

图4-10　杞方言区黎族服饰捕鱼纹

杞方言区黎族服饰与前襟贴片对应的另一片刺绣，样式较为统一，图案的含义也大体一致。以捕鱼纹为例，九个等分的方形图案代表的是渔网，中心的菱形为网眼（图4-10）。而颜色的选择因个人家庭情况不同而有所差异，单色代表未结婚的子女，双色代表家中父母、祖父祖母。红色代表老年人，橙色代表中年人，紫色代表年轻人，但所用颜色并不固定。上下包围的白色线迹是黎族宗教活动的主持者娘母举行仪式时所用的箭头的一半，意思是保佑一家人全部平安。一般而言，形状是色彩的承载物，色彩总是伴随一定的形状同时被感受，但杞方言区黎族可透过同一个图案，从形状与色彩两个方面传达出两个完全不同的含义，可见他们的想象力是不被束缚、不受限制的。

除此之外，琼中型黎族女子还喜爱在前襟上刺绣回形纹等图案。琼中黎族苗族自治县红毛镇牙挽村的前襟图案，色泽古朴，疏密有致，针脚细密，图案排列紧密，用色鲜艳，其主体图案配字纹，传达着吉祥、万福和万寿之意。其中，这两个前襟图案仅是杞方言区服饰图案的一个很小的局部，也能明显地传递出传统服饰变迁的踪迹。

大里型女子服饰的前襟图案虽也是左右不对称的形式，但与通什型、琼中型服饰图案的题材与构成都有较大差异。从结构上看，大里型女子服饰的图案排列更为细密，喜用水平、垂直方向等比例地重复构成形式来组织图形。

人形纹是杞方言区黎族女子上衣和筒裙中应用最为广泛的图案，如琼中黎族苗族自治县什运地区流行的百人形纹筒裙，全是由各色人形纹组成的。通什型筒裙也多使用人形纹作为主体图案，新娘纹是人形纹的一种，通常由多个三角形叠加而成，两侧的波浪线象征耳环，细节丰富。通什型筒裙辅体图案中出现的人形纹则一般只表现轮廓。上衣刺绣的人形纹与筒裙上织成的人形纹由于织造手段的不同，差异很大，有更加连贯细密的特点。服饰上大面积装饰的人形纹，不是单独出现的，而是多采用二方连续的横向排列，带来强烈的视觉冲击以及节奏感、秩序感，体现出整体性。杞方言区黎族女子上衣背面的人祖纹是杞方言区黎族血缘关系的标志和象征，其标识功能已经退化，更多是作为固定装饰而存在的。人祖纹（长柱花[1]）有三根，正中心的一根由小人形纹重叠而成，上半部为举行仪式时拜神用的剑，圆形的部分是剑柄，长方形的部分是剑头，作插入状。祖宗柱之间间隔的图案为莲花，下根部为莲藕。据当地杞方言区黎族女子说，将莲花、莲藕绣上去的原因是它们可以解饿养人，体现出杞方言区人对大自然馈赠的感激之情。琼中型人祖纹（短柱花），与长柱花相比，宽度略宽、长度变短，顶部的圆形也演变成方形，传达出更为稳定的观感。简化版的琼中型人祖纹，其柱状部分变

---

❶ 人祖纹有长柱花和短柱花之分。

细，无内部图案，顶部也退化为正方形、花朵形。有的则摒弃了传统人祖纹的装饰结构，采用了新的构成形式，作为装饰存在。

同为上衣背面上部，大里型女子服饰装饰的植物纹比通什型、琼中型的人祖纹更为复杂。植物纹占据了后片上半部3/5的面积，刺绣的植物纹分两个部分。下方左右两边各有四个大小一致的正方形图案，内填指向各异的三角形图形，正中的柱状图形从造型上看，类似琼中型的人祖纹，但是否也有标识作用还有待进一步考证。下方以四片叶子为基本单元，进行渐变排列，从内向外依次下降，形成中间高、两边低，类似谷堆、房顶的造型。

杞方言区黎族女子上衣背面的人祖纹、植物纹下方的长方形空间内以猿纹、蛙纹、鸟纹等人物、动物纹样为基本单位，作二方连续排列，色彩以红色、橙色等暖色为主，重复组合后的纹样排列紧密、形式规整。猿纹（长手长脚，作抱头状）来自水满乡牙排村女子上衣，当地的说法是："以前小孩不容易养活，用海南长臂猿的骨头或指甲做成项链，戴上就好了。为纪念猿，就将它们的形象绣到了衣服上。"不仅如此，她们还将猿的形象融入服装结构中，上衣所用的黑色底色、白色绲边装饰及腋下开口都与猿的故事有关，"整件上衣所用的黑色代表猿的毛的颜色，白色代表猿的指甲，腋下的开口是因为猿喜爱将小猿夹在腋下，故腋下无毛"。猿的形象与杞方言区黎族女子上衣的结合，充分彰显了杞方言区黎族人懂得感恩、知恩必报的品质。还有鸟纹也表明了杞方言区黎族人对动物的喜爱与崇敬。另外，形式新颖、风格各异的龙纹、蛙纹、鸟纹、己字纹等图案也作为主体图案大量出现在杞方言区黎族女子的上衣及筒裙中，并衬以植物图案、日常农耕生活中所见所用的钩子纹、米粒纹及太阳纹、月亮纹、星辰纹、云彩纹、水波纹等内容丰富的自然物图案。

（二）杞方言区黎族筒裙图案

相较于上衣图案，杞方言区黎族筒裙图案更加丰富多彩，从日月星辰、树木鸟兽到人物器皿，往往是应有尽有，不一而足。通什型水满乡女子筒裙是典型的杞方言区三段式筒裙。由黑色的筒头、色泽浓郁的筒腰及布满各类图案的筒身构成。筒身图案从上到下依次是谷粒纹（植物纹）、人形纹、蜘蛛纹（动物纹）、熊纹（动物纹、主体图案）。以主体图案熊纹为中心，形成纹样和色彩的上下对称。

筒裙腰图案有蝴蝶纹、十字架纹等，其中十字架纹是鸦片战争前后传入杞方言地区的，是一个受西方文化影响的图案。

谷粒纹采用独特的织造方法，形成菱形的套叠排列，起到间隔辅体图案的作用。中心的绿色代表山栏谷的谷粒；周围黄、红等色代表山栏稻的叶子。第二排图案为人形纹，白色的轮廓代表男性祖先，红色的轮廓代表女性祖先。第四排为蜘蛛纹，进行了高度的变形，展示了杞方言区黎族女子的想象力和创造力。

主体图案熊纹被竖条状的细花纹间隔开来的熊纹较宽，代表母熊，较窄的则为公熊，因为母熊一般较公熊胖。所以“大的代表母熊，小的代表公熊”。从图案的造型上可以看出杞方言区黎族女子善于观察生活，抓住事物的本质特点，也可从公熊的数量上判断出男性在杞方言区社会中占据着主导地位。

保亭型保城镇的黎族女子筒裙（图4–11）以经线显花的织造方法为主，每一排的图案特别细密，图案的题材多来源于日常生活。保亭型毛感乡的筒裙样式类似通什型、琼中型，而图案题材的选择有所不同。

从上述杞方言区黎族女子传统服饰上衣、筒裙图案的寓意及发展变化，可以看到黎族服饰图案在同一地区保持着相对稳定的发展。不同地区的图案也大同小异，其结构多固定，只是对填充的图案进行了简化或变形。

图4–11　保亭型保城镇的黎族女子筒裙

第五章

赛方言区黎族服饰符号

赛方言区黎族人过去有“德透黎”“加茂黎”之称，而他们自称“赛”。20世纪50年代黎语调查时发现该方言，因专家首先调查的地方是保亭黎族苗族自治县的加茂镇，故称为“加茂黎”。赛方言区族群人口较少，主要分布在保亭东南部地区的加茂镇、六弓乡、保城镇，陵水西部的祖关、群英、田仔等地，少量杂居在三亚市藤桥镇、儋州市兰洋镇等地。因与其他方言差别较大，赛方言区黎族族群与其他方言区的人交流时多用海南话或普通话。

第一节　赛方言区黎族服饰特点

赛方言区黎族服饰工艺十分精致，穿着后显得端庄大方，自然细腻。赛方言区黎族女子服饰相对统一；黎族男子服饰因汉化较早，装束较为简单，传统的黎族男子服饰通常款式和颜色较为朴素简便。如图5-1所示为赛方言区黎族女子服饰。

图5-1　赛方言区黎族女子服饰

一、赛方言区黎族女子服饰特点

海南黎族女子服饰风格较为一致。赛方言区的黎族女子穿长而宽的筒裙，在穿着时将宽筒裙在臀部打一个褶，宽大的筒裙没有像短窄筒裙那样紧绷。筒裙由四个部分缝合而成，第一部分是裙头，第二部分为裙腰，第三部分为裙身，第四部分为裙尾。裙头和裙身，都以黑色横细线条为主，线条之间掺杂红、黄、绿颜色。赛方言区黎族年轻女性的上衣多为深蓝色、青色、粉红色或蓝色，老年女子上衣多为黑色，长袖，高领和旗袍领极为相似，大襟向左开，并从衣领向右斜排，俗称“包胸衣”，从领向右斜开一排纽扣，一直到衣服的下摆，上衣素面，衣领、衣襟、袖口和衣边缘均用白色的布或红色的布镶边；筒裙宽而长，一般长度达到小腿，筒裙尾端15～17cm，织绣有绚烂的花纹图案，有些花纹图案中嵌入了云母片，在阳光下银光闪闪，显得光彩夺目，筒裙主体花纹多为人形纹、水波纹、几何纹、横条纹。筒裙有平常穿用，也有盛装时穿用。平时穿用相对简单，图案不复杂，而盛装时的服饰织制工艺精细，讲究色彩。

图5-2　赛方言区黎族女子戴的头巾和首饰

赛方言区黎族女子的头巾与其他方言区女子的头巾有所不同，整条都是黑色的，没有任何花纹图案，女子平常头上缠着黑色头巾，并在脑后打一个髻，形成长短不一的垂带，长的垂挂在背后间，短的仅到颈部或齐肩。女子在盛装时，戴有月形项圈、手镯、耳环等（图5-2）。赛方言区没有文身的习俗，她们喜欢唱民歌和对山歌。

二、赛方言区黎族男子服饰特点

赛方言区很早就与汉族友好往来，贸易日益频繁，受汉族文化和先进技术的影响至深。赛方言区黎族男子装束比较简单，过去把发髻置于额前，但不插发梳，一般到了冬天才用黑色布或深蓝色布巾缠在头上。

下穿长不过膝的吊襜。吊襜织有黑色或青色的几何形花纹图案。上衣是用棉或麻纤维织成的粗布料，长袖开胸，无领，无扣，胸前仅用一对小绳代替纽扣。后因为这种上衣做起来费时，且靠近汉区买布容易，所以渐渐被汉装所代替。

第二节　赛方言区黎族服饰图案符号分析

赛方言区黎锦纹样有很多种，主要有动物纹样、植物纹样、人物纹样、字符纹样、复合纹样、几何纹样等。动物纹样中包含有蛙纹、鸟纹、鱼纹、龟纹、螃蟹纹等，其中蛙纹还细分为变形化蛙纹和简化蛙纹。简化蛙纹是赛方言区黎锦筒裙的基本纹样之一，与润、哈、杞等方言区大体相似，有一定变化，但变化不大。其中人物纹样可细分为蛙姿人形纹和简化人形纹，蛙姿人形纹是赛方言区黎锦筒裙基本纹样之一，与润、哈、杞等方言区黎锦筒裙纹样大体相似，但表现形式较为单一，只保留有蛙的基本形状，区别在于蛙蹼已不见。简化人形纹也为赛方言区黎锦筒裙的基本纹样之一，与润、哈、杞等方言区黎锦筒裙纹样基本相似，但变化形式较少。

此外，复合纹样是以正平视和侧平视的方式表现人骑马或赶牛的生活场景，采取的是散点透视法，即从多视点、多角度来表现同一生活场景（图5-3）。几何纹样还有一些未命名的纹样有待进一步的研究。

赛方言区织锦图案纹样主要织在裙腰和裙尾部位，除了织有自己特色的花纹图案外，还嵌入云母片、河蚌壳及羽毛，以示平安、吉祥如意。有些地方，整条筒裙织有米粒纹、藤子纹、波浪纹等。

图5-3　赛方言区黎族人骑马复合纹样

第六章 润方言区黎族服饰符号

润方言区黎族族群自称为“赛”，但又被乐东黎族自治县的哈方言黎族族群称为“尊”，被五指山地区的杞方言区黎族族群称为“润”，故而得名。润方言有两种土语：白沙、元门。白沙土语主要分布在白沙黎族自治县的中部和南部，西部地区也有零星分布。元门土语分布在白沙黎族自治县的东南部。在古代，白沙地区为儋州所辖，儋州的汉族最早与润方言区黎族族群接触，后来哈方言区黎族族群也迁入儋州地区，为此儋州地区的汉族就认为润方言区黎族族群是“土著黎族”，故而又有“本地黎”之称。润方言区黎族族群的服饰很有特色。

第一节　润方言区黎族服饰特点

润方言区黎族服饰从其形制上大体可以分为男装和女装，又以人体不同部位为依据，可以分为头饰、上衣、下裳、配饰等。1950年以前，男子结髻在后，下穿“犊鼻裤”，上衣已改汉装，女子文面文身，上衣宽阔为“贯首式”，筒裙极短（图6–1）。

一、润方言区黎族女子服饰特点

润方言区黎族女子上衣比较独特，色彩绚丽协调，上衣宽大而稍短，是用几块大小不等的布料缝合而成的，史称“广幅布”（在这里指服饰）。上衣身两侧有润方言区特有的“双面绣”作镶饰，四周辅以绣花。双面绣精巧细腻，织锦的花纹图案疏密适宜，层次清晰，整体布局均匀，庄重大方，是黎族织锦技艺中独一无二的。润方言区黎族女子的双面绣织锦花纹图案，主体多为人形纹、龙纹、大力神纹、鹿纹，衬以动植物以及自然界的纹饰（图6–2）。

图6-1　润方言区黎族男装和女装

图6-2　润方言区黎族女子服饰1

图6-3　润方言区黎族女子服饰2

润方言区黎族女子服饰精美的刺绣尤以白沙黎族自治县的牙叉镇、南叉乡、南开乡、金波乡最具特色。上衣袖口绣彩色花纹，衣襟下边沿、衣背下半部绣有宽边横向绣花装饰，以贝纹为图底，立体纹以黎族“祖图”人形纹为主，龙纹、凤纹也较常见，配以鹿、羊、黄猄、鱼、猪、鸡、鸟等花纹作装饰。衣服结构依据踞腰织机所织布幅的宽度来进行分割，呈现出东方平面传统造型的特征。有的女子上衣缀有串珠、贝壳、铜钱、流苏等装饰。

润方言区黎族女子下身着超短筒裙，是海南黎族五大方言区女子筒裙中最短、最古老的一种，裙长最短的仅有28cm，可谓是名副其实的“超短筒裙”。这种紧身的短裙与宽大的贯头衣搭配，呈现出上松下紧的形式美感。其实润方言区黎族地区超短筒裙产生的本意并不是为了视觉上的夸张，而是具有实用价值。润方言区黎族人的主要活动范围在山区，而且过去长期从事着刀耕火种的原始生产方式，超短的筒裙也是为了方便在这种崎岖的地势上行走，在采集和碰到野兽的时候，能够更加灵活（图6–3）。

超短筒裙裙身由三条织锦拼接而成，花纹以人形纹、动物纹和植物纹为主。小腿部打黑色或深蓝色绑腿，以红色布条或带有刺绣的彩条系扎。裙头色彩和花纹图案都比较简单，多数是深蓝、白、赤褐三种色彩的裙身，通常以白线作为基线，织进红、蓝、黑色和少许黄、绿色等垂直线。裙尾多用黑色线作为基本色彩，裙尾比裙头、裙身的花纹图案想象力丰富，织造工艺精致，图案纹样变化多，色彩非常鲜艳夺目。

润方言区黎族女子常服的花纹图案相对简单，色彩不太丰富。盛装时，女子服饰织造十分讲究，图案变化多，色彩也极为丰富。女子的头巾有两种，一种是织绣有花纹的图案，另一种是清一色的没有任何花纹。无论平常头巾还是盛装头巾，其色彩都是黑色或深蓝色。此外，润方言区黎族女子的服装与文身浑然一体，形成了独具特色的服饰文化。

二、润方言区黎族男子服饰特点

男子服饰因受汉文化影响较早，上衣已基本汉化，下穿犊鼻裤，由垂在前面的带子将犊鼻裤往后拉紧，系于后腰。有些犊鼻裤的两端有珠子或铜钱作为穗子，扎在腰间，走起路来叮当作响。润方言区黎族男子与其他方言区男子装束的不同之处是用两条头巾来包头，第一条是用红而宽的头巾缠在里面一层，第二条是用深色又较窄的头巾缠在外面，最后再捆一条织有蓝色花纹的小花缠。这样红与蓝相互衬托，色彩反差而又调和，美观大方。润方言区黎族男子留发结髻于脑后，但结婚时或者参加盛会活动时则例外，结髻在头顶上，并用红丝线捆紧，然后直插或者横插一根自制并刻有花纹图案的骨雕作发簪，或用从汉族商人那里买来的铜制发簪。除此以外，还在结髻后面插上一把自制的梳子。

润方言区黎族男子还有一种很长的颈巾（也叫围巾）。这种颈巾宽10～30cm，长130～140cm。颈巾是黑色与红色的正方形布上采用一字或十字形的简单刺绣方法而绣成。围巾的一端有很多的花纹，装饰美丽，色彩为红、黑和有光泽的黄绿色，刺绣工艺巧妙。

润方言区黎族男子当兵时还有专门的服装，即兵士服（也叫勇士服），头部戴麦秆做成的帽子及青色的头巾，身上穿着装弹药用的青色胸挂。这种胸挂是模仿汉族的胸挂制作而成，从头套在脖子上，下部围在身上，然后用带子扎紧，胸挂横向缝着三条红色的小布条与底下垂直交合，在该处缝成装弹药盒的口袋。

第二节　润方言区黎族服饰图案符号分析

润方言区黎族女子自纺、自染、自织、自绣的传统织锦，工艺细腻精湛，纹样构图均衡对称，雅拙有趣，立意新颖，严谨大方。

润方言区服饰布料是黎族女子用简单的踞腰织机织造的，工艺巧妙精致，而且每条筒裙色彩、图案都不相同。同一条筒裙分三个部分，各有不同的特色。裙头的色彩和花纹图案比较简单，多数是采用深蓝、白、赤褐三种色彩，横花纹织成几何纹样图案。裙身通常以白线作为基线，织进红、蓝、黑色和少许的黄、绿色等垂直线，有许多地方把整块布料的花纹图案分成方格，在方格里织各种花纹图案。裙尾多是用黑色线作为基本色彩，裙尾比裙头、裙身的花纹图案想象力丰富，织造工艺精致，图案纹样变化多，颜色非常鲜艳夺目，润方言区的女子筒裙很难见到完全相同的图案花纹。

润方言区黎锦筒裙纹样繁复多样，主要有动物纹样、人物纹样、字符纹样、复合纹样、几何纹样等。动物纹样同样包含蛙纹、鱼纹、鸟纹、鹿纹、马纹、羊纹等，与其他方言区纹样稍有不同的是有熊纹、蝴蝶纹、龙纹。蛙纹可细分为变形化蛙纹、简化蛙纹。变形化蛙纹是润方言区黎锦筒裙的基本纹样之一。纹样的特点是以青蛙的菱形体形为基础，通过各种夸张、变形的方式将其外在特征表现出来，或者突出其眼部特征，或者突出其跳跃的姿势特征，或者突出其“抱对”的生活习性特征，以抽象的方式表现出青蛙的整体或部分特征。简化蛙纹也是润方言区黎锦筒裙的基本纹样之一。纹样的特征是在变形化蛙纹的基础上，通过简化的方式将青蛙身体的基本形状和跳跃时的基本姿势，用异常简洁的线条呈现出来，在表现形式上则以写意为主，有的已经具有了几何形纹样的某些特征。

润方言区黎锦筒裙纹样中的鱼纹特征是以正平视的方式表现鱼在水中游动时的基本姿势，既有具象化的游鱼形象，又有线条化的游鱼形象，富有变化。

鸟纹是在蛙纹的基础上逐渐演变而来的，利用蛙纹的菱形进行构造，以三个菱形纵向排列构成鸟头、鸟身、鸟尾，在鸟身的两侧分别向下发展出两肢，代表鸟的两翼，体现为俯视的特点（图6-4）。

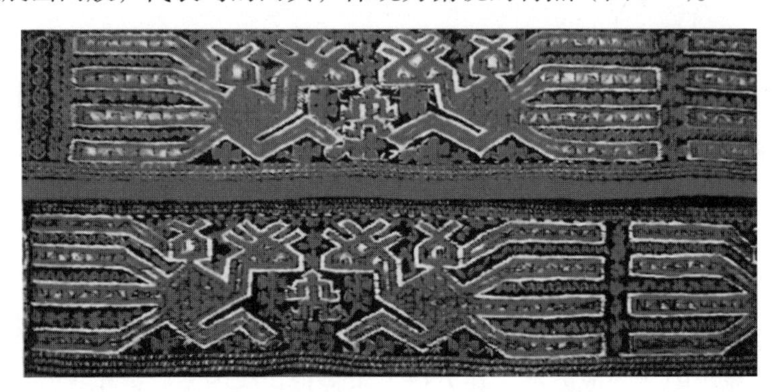

图6-4　润方言区黎族服饰鸟纹纹样

鹿纹是采用平视的表现方法，织绣出鹿的具象化形状，其特点是突出其头部的鹿角形状，而对其他部位的表现则较为写意（图6-5）。

马纹与鹿纹相似，在突出其头部特征即马的鬃毛特征的同时，对其身体进行抽象化表现，以两个相对开放的菱形对接方式共同构成马的躯体，其特点是省略了马的四肢和马尾，只出现马头、马身部分，这样的结构显得异常紧凑，给人一种奔腾如飞的感觉。

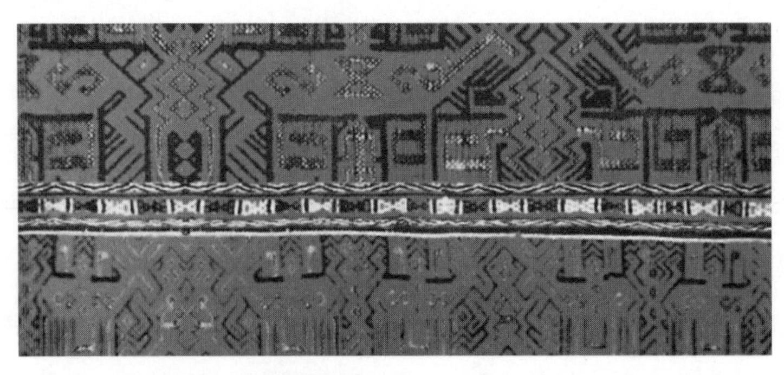

图6-5　润方言区黎族服饰鹿纹纹样

羊纹同样以正平视的方式对羊的形象进行抽象化表现，即仅表现出羊的身体轮廓和头部的两角，而对其他部位采取完全省略的方式，其特点是完全写意（图6–6）。

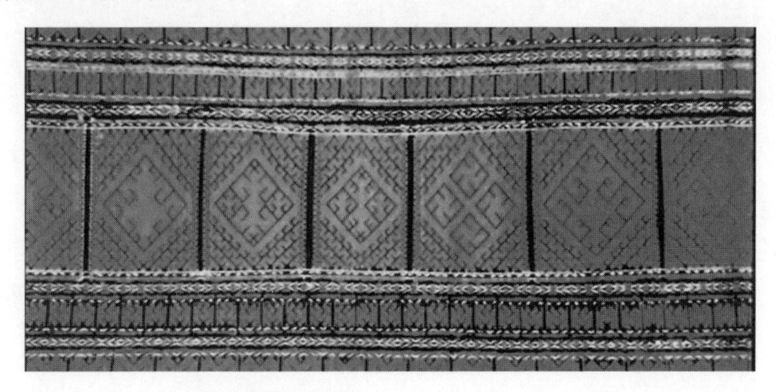

图6–6 润方言区黎族服饰羊纹纹样

在与其他方言区不尽相同的纹样中，熊纹是以侧平视的方式表现呈坐姿状态的具象化的熊的形状，其主要特点是多用直角来处理过渡之处，头部、身体和腿部都较为粗壮，从而体现出熊粗壮的身体特征。

蝴蝶纹的主要特点是以正俯视的方式，采取简化的表现方法呈现蝴蝶展翅的外在特征，其主要特点是借用了五个菱形的平行连续结构，从而呈现出蝴蝶的身体、两翅等基本形体，并用数条简单的线条勾勒出其头部特征（图6–7）。

图6–7 润方言区黎族服饰蝴蝶纹纹样

龙纹是以曲线的方式将龙的形体表现出来，采用的是完全简化的方式，即用一条主要的曲线代表龙的身体，一条短线代表龙的足（图6–8）。

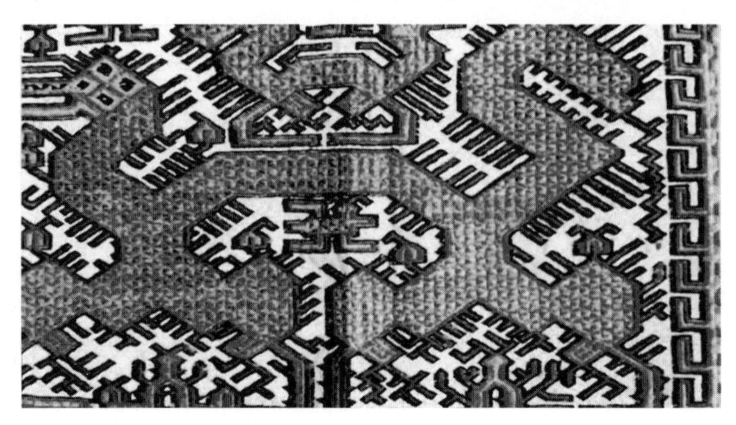

图6-8 润方言区黎族服饰龙纹纹样

润方言区黎锦筒裙纹样中人物纹样可分为蛙姿人形纹和简化人形纹。蛙姿人形纹是润方言区黎锦筒裙的基本纹样之一。纹样还保留有蛙纹的某些外在特征，即具有蛙的菱形体征和蛙蹼等，但已开始呈现出人的形象特征，即具有头、身、双臂、双腿，而且最为重要的是，与蛙纹的前肢向前跃起不同，该类人形纹双臂向下，身体站立，其主要特点是较为清晰地展示出蛙纹向人形纹的过渡痕迹。简化人形纹也是润方言区黎锦筒裙的基本纹样之一。纹样已经完全表现出人的形体特征，并在此基础上加以简化，即表现人的基本形象，而忽略具体细节，其主要特征是纹样中的蛙蹼已逐渐褪去，而用简单的线条来加以表现。

此外，文字符号纹样是以一些外来文字符号为表现对象，体现出较强的文化融合性。复合纹样是采取正平视或侧平视的方式表现人骑马（牛）或人赶马（牛）时的生活场景，主要特点是合并与简化，在处理多匹马（牛）的情况时，往往采取将马（牛）的身体合并的方式进行。几何纹样样式众多，主要是以各种菱形纹、三角纹和波浪形线条等为基本图案，在横向和纵向上连续扩展，从而呈现出丰富多样、变化不定的装饰性纹样。

第七章

美孚方言区黎族服饰符号

“美孚”是使用其他方言的黎族，是哈方言区黎族族群对其称呼的汉语语音，意思是“住在下面的汉人”。美孚方言区黎族主要分布在海南省昌化江中游和下游的东方市和昌江黎族自治县两地（在江边谷地的布温、江边老村、江边、那文、白查、新明、江边营、俄查、冲俄、土眉等村子，东方盆地中心地带的东方、东新、西方、中方、旧村、土蛮、亚要、佳西、玉龙等村庄，大田丘陵地区的大田、抱板、戈枕、居便、乐妹、罗旺、报英、俄乐、报白、玉道、保丁等村庄），是黎族的“绞缬”之乡。美孚方言区的黎族民众擅长纺织和木工，女子文身，居住地一般都有较为宽广的平地与肥沃的水田（图7-1）。

图7-1　美孚方言区黎族女子服饰1

第一节　美孚方言区黎族服饰特点

美孚方言区黎族服饰的最主要特点是服装款式较为统一，所有的衣服都是以黑色打底，色彩是以黑色为主。美孚方言区黎族妇女的服饰也较为统一，但独具特色，尤其是利用扎染技术制成的筒裙和富有个性的头巾更是黎族服饰中不可缺少的一抹艳丽色彩。美孚方言区黎族男子的上衣与女子无异，和其他方言区族群最大的不同是，他们不穿只遮住前后、两腿侧露的吊襜和“犊鼻裤”，而是穿着左右两侧开衩的“短裙”。

一、美孚方言区黎族女子服饰特点

美孚方言区黎族女子服饰的特点是崇尚蓝色、黑色，服装款式较为统一。

美孚方言区黎族女子上衣是深蓝色或者黑色，长袖开胸，无纽，仅用一对小绳代替纽扣。上衣剪裁方法很特殊，由两块左右同形的方布构成，遮住上身的前面两侧。这两块布在背面的正中间，从上到下缝在一起。衣领用宽6cm左右的窄长布条裁成，直缝在衣前侧一半左右的地方，领边缝有白色棉布。上衣两侧的缝口和袖边用白布缝制，上衣后背两侧有不对称的挡背布，后背后领两侧加缝两块方形布，衣衫边沿和袖口都镶有布边。这种上衣的式样，是美孚方言区黎族妇女服饰所独有的。

美孚方言区黎族女子下半身穿长及脚踝的长筒裙。当地的汉族人习惯把美孚方言区黎族称为“长筒裙黎”，由此可见美孚方言区黎族女子服饰以长筒裙为主要服饰特征。筒裙板型宽而长，长度几乎至脚踝，最长的筒裙甚至能长达150cm。筒裙多为拼接缝制而成，分为上中下三幅，裙头和裙尾扎染着很多层的白色花纹，裙中部分则是采用黎族织锦，有着色彩丰富鲜艳的花纹图案。在年轻女子的筒裙上，织锦花纹是以红色、黑色、白色、黄色、绿色为主的几何图案，而老年人的筒裙上则是黑色或白色的几何图案（图7-2）。老年女子穿纯色絣染筒裙，而中青年女子穿彩织扎染筒裙。扎染筒裙由四幅锦布缝接而成，扎染锦布的色晕分明，色调大多也是一致的。主要以人形纹为主体纹样，彩织锦布以蛙纹为主题，整体看起来色彩鲜艳、亮丽。

图7-2　美孚方言区黎族女子服饰2

美孚方言区黎族女子的头巾也很

有特色，色彩黑白相间，没有花纹，简单大方。老年妇女头裹黑蓝或黑白相间的头巾，而中青年女子头裹的头巾两端缀有流苏，主要为彩色织锦，有时候也会佩戴黑白相间的头巾。头巾的佩戴方式会根据头巾的样式区分，颜色主要为黑蓝或黑白相间。头巾扎法以前额为中心向后缠绕，在脑后方向打结，而头巾的两端要在脑后形成一高一低的形状。彩色织锦的头巾有两种扎法，第一种是将头巾的一端戴在头顶上，用头巾上的织锦布条系紧，而另一端会垂在身后。第二种彩色织锦头巾的佩戴方法是将彩织头巾在头顶对折，然后进行折叠缠绕，用头巾上的织锦布条系紧，使头顶左右两侧各形成一个角的形状，剩余的头巾流苏垂在头顶左右两侧。

美孚方言区黎族女子的饰品通常采用银饰，有的耳坠较为简单，一端为方形，上刻有花纹；另一端为圆形。如此，就像一根棒形银饰直接卷曲而成。耳坠分为两种：银铃式、钩式。银铃式耳坠整体为金色，形状如同一个锥形铃铛；钩式耳坠整体也为金色，形状如同一个钩子，一头为较宽的椭圆形。

美孚方言区黎族女子的饰品还有扁式耳环和多重式耳环。扁式耳环有银色的和金色的，银色的较小，金色的较大，整体扁平如同弯月。多重式耳环为银色的，由多个银环组成，形状如同手镯。比较复杂的有花型式耳环和悬玉式耳环。花型式耳环颜色主体为黄，中间有红色点缀，上半部采用金饰进行雕刻，为花型；下半部采用镂空的雕刻样式。整体显得优雅华贵不失大气。

美孚方言区黎族女子的银饰挂坠款式丰富，但除了银饰本身没有其他颜色。银饰上有着流苏挂饰，数量有多有少，有圆形、弯月形和动物形，种类繁多，各不相同。

二、美孚方言区黎族男子服饰特点

美孚方言区黎族男子服饰主要是用海岛棉和麻纤维粗布制作而成，

色彩为深蓝色。美孚方言区黎族男子的下服与其他方言区不同的是，没有围腰的丁字裤，而是由两条方形的深蓝色的粗布裁剪成的。同时，这两条布上端缝着5cm的白色粗棉布，并连着带子，这两条布有18cm左右是互相叠起来的，一条长线紧扎在腰间，没扎的一侧是叠着的，穿戴时仅从腰部伸到膝盖。这是与杞方言区黎族男子所穿的“缏”（腰布）有明显区别的地方。

美孚方言区黎族男子上衣与女子相差不多，可相互换着穿，因为两者无明显差异，色彩相差较小，这是美孚方言区黎族男子服饰比较突出的一个特征之一。二者上衣都较窄且较短，胸部对称开襟，袖子是窄袖，领口较小，并且没有纽扣，用短绳线扎系。在祭祀服装中，上衣为蓝色或红色的汉式长袍，左右开衩，并以黑色、黄色等布条包边。蓝色道袍用于较大的祭祀活动，而红色道袍常用于一般性质的祭祀活动。上衣腰部配有彩色织锦布条束腰，彩色织锦布条长度为100～120cm，宽度为5cm。束腰布条两端有彩色细穗，纹样通常会以水波纹为主。领口两边缝缀两块样式为U字形的长方形布条作为装饰。

美孚方言区黎族男子下身穿着左右两侧开衩的超短裙，由两条方形的粗布裁剪而成。裙子底色为蓝黑色，主要是棉质底裙，穿着时长度一般从腰部至膝盖，裙子边缘多采用白色布条镶嵌作为装饰。

与润方言区黎族男子一样，美孚方言区黎族男子把长发挽在脑后，不同之处是仅发髻在脑后稍微高一点，而且把发簪插入发髻里，但往往要插一根豪猪刺，也有用单针形的骨片插在髻里。骨片雕刻简单的几何形图案，并涂上黑色。髻后用白色或蓝色头布扎着，盛装时，头巾边沿加以刺绣简单花纹图案，但有时候也可以用白布代替头巾使用。男子有时戴棕榈叶的帽子，这种帽子是采用大蒲葵叶编成，然后用竹片来加固，结实耐用（图7–3）。

男子的祭祀服装整体是以大红色为主。从领口至门襟以及下摆和袖口处皆采用本黑色布条镶边。后背处有着巨大的黑色纹样图案。整体看起来具有很大的视觉冲击力，给人营造出神秘的氛围。

图7-3　美孚方言区黎族男子服饰

第二节　美孚方言区黎族服饰图案符号分析

美孚方言区黎族女子织锦工艺主要是扎染，俗称为缬染，是美孚方言区黎族族群特有的染色工艺。缬染中花纹图案的组合应用是多样化的，主体花纹图案有人形纹、几何纹、曲线纹、骑马纹，陪衬有双吉鱼纹、祭祀纹、双喜字纹和动物纹等。其中，动物纹样与其他方言区黎锦筒裙纹样基本相似的有蛙纹、鱼纹、牛纹、鹿纹、羊纹、马纹、老鼠纹、狗纹、龟纹等，不同的是黄猄纹、蝴蝶纹。下面重点说蛙纹、人物纹样。

蛙纹中的具象蛙纹是美孚方言区黎锦筒裙的基本纹样之一。纹样以正俯视的方式表现蛙的整体形象，主要通过对称出现的多线型斜纹和曲线纹模仿蛙的背部外形，具有很强的具象化特征，而纹样四周延伸出的线条末端基本都有细小的弯折，与蛙蹼十分相似。变形蛙纹的主要特点是在具象蛙纹的基础上进行夸张和变形，其线条或更加丰富，或加以简化，形状也由单一型蛙纹演变为上下对称型蛙纹（图7-4）。简化蛙纹

图7-4　美孚方言区黎族服饰蛙纹纹样

多数由变形蛙纹、具象蛙纹演变而来，纹样简单，有个别纹样与其他方言区黎锦筒裙纹样相似。

人物纹样可细分为蛙姿人形纹、具象人形纹、简化人形纹。蛙姿人形纹从简化蛙纹演变而来，线条更加简化，形象单一和有序，更多地呈现出人站立的基本形状，只有弯曲的四肢仍保留有蛙纹的基本特征。具象人形纹在形状上虽然还保留有蛙纹的某些特征，如四肢弯曲，个别具象人形纹手、脚部还有蛙蹼，但整体形象已经具有了人类活动的基本特征，如佩戴耳环，手中持有物品等。与其他方言区相比，最大的不同在于仍较多地保留有蛙的体型和姿势，且线条感强。简化人形纹是在具象人形纹的基础上进一步简化和规范而成，仅保留有头、身和四肢，但手足部位还有一定蛙的基本形状。除此以外，美孚方言区黎族服饰与其他方言区黎族服饰纹样基本相似，但表现内容更多，变化形式更为丰富。

总之，黎族女子对自然界中各种事物的名称、作用的辨认能力很强，所以，对海南自然环境中的动物、植物、人物的观察也是通过黎锦图案传承下来的。这些图案纹样不仅成为现今黎族服饰中十分流行的纹样，而且成为黎族五大方言区中族系标志化的代表元素。

第八章

民族服饰的传承和时尚运用

文化是民族之魂，民族服饰体现着光辉灿烂的民族文化内涵和民族个性。每个民族都有自己丰富的民族服装历史，在服装发展历史中，形成了极强的本土特色。近年来，传统文化尤其是民族服饰文化的热度日益升温，文化自觉和文化自信不断提升。传统文化受到现代文明的冲击，正逐渐消失在历史的长河中，因此保护传统文化已成为当前刻不容缓的任务。

随着我国现代化经济的迅速发展，各民族文化也在相互影响，给民族传统文化注入了新鲜血液，使原有的传统文化发生了改变。新时代、新文化、新服饰也随之出现和发展。民族交融为民族服饰及服饰工艺技术的发展提供了丰富的物质基础和更为广阔的发展空间。时代的变迁影响着人们的审美心理，并物化到衣冠服饰之中。少数民族的生活也发生了翻天覆地的变化，物质生活和精神生活都有了很大改变。少数民族改良服饰大多是在保持原有廓型的基础上创新制作的，改良服饰不但增加了民族服饰外在形态的美观性，而且融入了现代人的审美情趣。

民族服饰一般的组成要素有造型、图案、色彩、工艺四个方面。不同的民族服装有不同的底色、图案和织造工艺，要想熟练地运用民族性的元素，必须从小接受民族文化的熏陶，经过不断学习加深对民族文化深层次的理解以及对时尚和市场的精准把握，巧妙地将设计元素与民族风格有机结合。民族风格的服装设计时装化、流行化，更在于它能够对中国的民族化服装设计潮流产生积极的影响，其意义不仅在于借鉴民族服饰中的精华，而是将文化演绎为商品。只有这样，民族时装才能以其特有的形式渗透到高度发展的当代文明之中，并被不同层次的人们认同和接纳。发挥民族服饰的资源优势，设计出具有中国民族风格的流行时装，应当成为21世纪中国服装设计思潮的一个主流。

第一节　传统服装构造方法的时尚运用

服装结构是指服装各部位的组合关系，包括服装的整体与局部的组合关系，服装各部位外部轮廓线之间的组合关系，服装各部位内部的结构线以及各层服装材料之间的组合关系，服装结构由服装的造型和功能所决定。不论何种廓型的服装，其内外部的构造可以非常丰富，也可以非常简洁，服装的内部与外部构造既与服装的功能性有关，也与服装的审美性有关。

一、传统服装的构造方法

进入信息时代，日新月异的时尚潮流与千年传承的传统文化交相辉映，从民族服装形式感来看，内部构造常见的方法有对称与均衡、对比与比例、重复与层次、分割与包裹、折褶与服装零部件装饰等构造方法。

（一）对称与均衡

对称是民族传统服装使用较多的方法之一，主要指各种形式、图案以中心线为分割基准，将其分为两边对称的形式。对称的形式通常有上下对称、左右对称、旋转对称、局部对称等几种形式。

在服装造型中，均衡主要指将上下、左右的结构、图案或面料合理安排，从而取得量感和视觉上的平衡，而在外观形象上并不要求完全对称，所以其形式感更加灵活多变，层次感更强。民族服装的造型、色彩、面料的组合，图案的搭配以及各种配饰如包袋、围腰、鞋、绑腿、头饰等都可以采用均衡的手法以平衡服装的整体性和层次感，如民族服装中的斜襟看上去不对称，但具有均衡的效果。

（二）对比与比例

对比，即将两种事物进行比较，从而取得一定的效果。对比与统一是同一事物的两个方面，如果缺少统一而强调对比，会显得杂乱无章；如果缺乏变化，又会感觉枯燥乏味。民族服装中的对比常采用色彩对比和结构对比。

比例，指整体与局部、局部与局部之间的关系。民族服装中上衣下裳、上衣下裙、袍衫、多层衣、多层裙、围腰配衣服等组合方式往往存在较为明显的长短比例关系，错落有致。恰当的比例关系，不仅是服装审美的需要，还是功能的需要，能起到均衡协调的作用。

（三）重复与层次

重复，指同一种元素反复排列或者交替出现的效果，它的特征是形象的连续性、统一性。在民族服装中，重复运用得很多，如纹样的上下或者左右重复排列，装饰物（珍珠、银片等）的重复排列，面料肌理上的重复组合等，都可产生强烈的视觉效果。

层次，指在结构方面的等级秩序，具有多样性，美学范围内的层次可按数量、运动空间尺度标准划分。不同层次具有不同的特征，既有共同规律，又各有特殊规律。民族服装的层次感，多体现在服装中个别部位的多层结构和整体服饰的多层次结构上。

（四）分割与包裹

分割，包括结构性的分割和装饰性的分割，民族服装中分割线的使用非常普遍。服装的外轮廓、立体效果的塑造是由结构性的分割线而决定的。装饰性的分割线主要目的是改变服装的装饰线条、面料切换、色块拼接等。

包裹，即缠裹，是用布料围绕身体缠裹而形成的一种效果。其特点是随意、简洁。民族服装尤其是南方的一些民族服装，其包裹的部位主要是在头部、腰部和腿部。

（五）折褶与服装零部件装饰

折褶（图8-1），是民族服装中最常见的构造方法，多运用在裙子与披风上。折褶的手法也各有不同，可分为抽碎褶和规整的褶皱。

服装零部件，指服装的领、袖、口袋、袖头等。民族服装的领子以立领、V字领、圆口领为主。袖头装饰的花边较多。口袋以贴袋和挖袋为主，常配以装饰花边。

图8-1　折褶

二、传统服装构造方法的重组

服装构造方法有其自身发展的历史演变过程，也因各个国家和地区的文化发展背景的不同，而表现出丰富多彩的形式。将民族服装的构造方法运用到现代服装的设计中，就是将民族服装中的构造方法与设计师的独特设计语言相结合，形成具有时代感又蕴含古老文明的现代服装。因此，若要设计具有时尚感的服装，必须将民族服装中的组合方式进行重新组合分配，形成新的、有意味的、更具时尚感的设计。

重组的步骤和重点如下：

（1）前期：有目的地收集民族服装内部构造的资料，将收集的资料汇总、梳理、取舍，完成一份相对完整的资料收集图。

（2）中期：根据自己的设计理念，进行风格定位，找到切入点，绘制草图。

（3）后期：确定最终方案，绘制效果图。

第二节　传统服装廓型的时尚运用

服装的外轮廓常常代表一个时代和当时的流行趋势，是最先进入人们视野中的服装设计要素之一。中国传统的服装廓型有H型和A型，欧洲传统服装的廓型种类更加丰富。服装廓型的不断更新、变化给人们带来了更多的视觉冲击。

服装的廓型设计包括两方面内容，首先是服装的内空间，它是服装与人体之间的空隙，是服装穿着舒适感的尺度；其次是服装的外空间，外空间的占有给人带来的是视觉感受。服装的内、外空间不能切割分开，内空间的变化也能引起外空间视觉的变化。

一、传统服装廓型的直接运用

服装外轮廓也称“廓型”，它是服装款式美感的设计重点所在。它充分反映了时代意识的变迁和时装演变的流行特征。成功的服装款式，是由形态的基本形点、线、面、体和谐组合成的整体，而“廓型”则是各种面的基本形态千变万化的组合。服装的廓型与着装的人体以及人体的运动关系密切，在进行服装廓型设计时，需要考虑服装的类型、风格、穿用人群等的要求，不要只注重头脑风暴而忽略了服装的基本要求。我国民族服装的款式多样，其外轮廓所呈现出的长、短、松、紧、曲、直等造型丰富多彩。其外轮廓形式多样，有单一的几何形外轮廓，也有多个几何形组合形成的外轮廓，廓型林林总总，纷繁复杂。从某种意义上看，每一种廓型都有其独特的造型倾向和性格特征。

对民族服装廓型的借鉴与运用，应首先从收集整理资料开始，发现能转化为当下服装设计的有用素材，认真做好资料收集工作，为后续研究做准备。在收集整理过程中不要忽视每一个小细节，它们都有可能促成一个好的设计。

以上衣为例。我国各民族服装中上衣的廓型变化最多，都有着自己的服装个性特征，有宽衣窄袖、宽衣宽袖，袖子、衣身有长有短，衣身有矩形、A型，总之外形变化多样。服装造型设计的基础是人体，造型设计是通过人体的主要支撑部位变化的，具体就是指肩、胸、腰、臀等部位的变化。同样，在收集整理民族服装上衣资料的时候，也可以把着眼点放在这几个部位上，去发现能启发设计的细节。有的廓型变化在腰部，有的廓型变化在下摆。

此外，我国各民族服装中裤、裙的外轮廓形式比较丰富。裤型有宽腰裤、宽裆裤、低裆裤、小脚口裤、宽脚口裤、短裤、长裤等；裙型有筒裙、裹裙、A型裙、花蕾形裙、收腰连衣裙、高腰连衣裙、多层矩形裙、多层A型裙等，形式多样，以腰、臀、下摆、裙长为变化的重点。对民族服装裤、裙的收集整理，可以把着眼点放在研究裤、裙的独特结构上，如有的裤、裙穿着舒适，但腰部的处理不合理，这就需要利用新的服装结构方式进行改造。对裤、裙收集整理应注意细心观察，然后将收集的资料组合在一起。

二、传统服装廓型的打散组合运用

民族服装设计是一门独特的艺术，是以人体为载体且具有生命动感的艺术。在各民族文化纪念活动、舞台时装表演或是博物馆收藏中，都可以看到很多传统民族服饰元素。然而，当传统文化与时尚理念激烈碰撞后，设计师们对传统服装往往进行新的诠释；人们对服装的需求也更多元化，这是服装流行轮回的必然规律。对民族服装廓型的借鉴与运用，并不是原封不动地猎奇和照搬，而是要把握民族传统服装造型艺术的各要素及其相互关系，结合现代设计手法进行再创作。将民族服装的外轮廓进行重构，可以将两个或多个廓型进行组合，设计出变化丰富的服装廓型。

第三节 传统材料和配饰的时尚运用

一、传统材料的时尚运用

我国有着丰富的天然纤维原料资源，为传统面料的开发和利用提供了得天独厚的物质基础。我国民族服饰面料大多是从自然界的动植物中提取的棉、麻、丝、毛纤维纺织而成的面料，经过染、做亮、做褶皱等处理，将这些面料制作成服装。除此之外，还有少数如织锦、亮布、氆氇、鱼皮等面料被用于民族服饰的制作。

我国幅员辽阔，传统面料名目繁多。由于地理位置和气候条件各不相同，所以不同地域的人民对于同类纤维的织造技术也各不相同。棉织布包括绫布、云布、斜纹布、紫花布、药斑布、土家锦、侗锦和鲁锦；麻织布包括夏布（苎麻）、汉麻（大麻）布、傣锦、高山麻布和葛布等；丝织物除了“四大名锦”（云锦、宋锦、蜀锦、壮锦）外，还包括纱、绢、罗、缎等多个种类；毛织物中能够用来做服饰品的有呢绒、毡、氆氇等。不仅如此，相同种类的纤维通过不同的织造工艺制作出来的面料风格质地也不相同。同样是丝织物，江苏南京的“云锦”的艺术特点是色彩丰富，又多采用金线作装饰，所以十分高贵华丽，代表了传统织锦工艺的最高水平，同时又体现了江南地区丝织业的发达和经济的繁荣昌盛；而广东的“香云纱”，又称“莨绸”（图8-2），因采用从薯莨中榨取的天然染料，经

图8-2 莨绸

过反复浸泡、日晒、煮绸、淤泥涂封、水洗等多重工序而产生轻薄飘逸、如水墨般素雅灵透、幽邃的梦幻感觉；同样是由苎麻织造而成的湖南“浏阳夏布”和浙江诸暨一代的“山后布”，一个织造精致，轻薄细软，一个布面出现谷纹，形成绉布，其风格也截然不同[1]。

民族服饰传统面料的原始性和质朴感使其具有特殊的美，这是吸引设计师的重要原因。设计师正确使用和把握民族传统面料的特点，在设计服装时注入新的设计理念和方法，在明确设计风格的前提下，将传统面料与其他设计因素（如款式、板型、制作）相互结合，这样才能更好地发挥传统面料的作用。

二、传统配饰的时尚运用

服饰配件，指除服装以外所有附加在人体上的物品，包括头饰、胸饰、颈饰、腰饰、背饰、脚饰、包袋、帽、鞋、袜、手套等（图8-3）。民族传统配饰除作为修饰服装、增强整体搭配效果之外，其自身精湛的工艺、绚烂的色彩、独特的造型也散发出迷人的光彩，成为现代配饰设计的灵感来源。

图8-3　传统配饰

配饰设计的基本要素与服装设计一样，包括造型设计、色彩设计、材料设计三个要素。造型设计是基础，是创造配饰风格的基础，造型决定色彩和材料，为色彩和材料提供有用的依据。色彩决定配饰的外在面貌，材料是配饰的物质基础，以上三要素缺一不可。

---

[1] 范铁明，孙翀．论传统面料在现代服饰设计中应用的意义 [J]．山东纺织经济，2010（8）：68-70.

配饰有纯装饰性配饰与实用兼装饰性配饰之分，以装饰为目的的配饰设计遵循审美规律、市场规律；实用兼装饰性配饰的设计重点是品种实用性、舒适性分类设计，这类配饰因使用场合和用途不同而造型不同，最常用的鞋、帽、包，皆有不同的分类。民族风格的配饰设计，是利用民族传统配饰资源，运用符合时代审美特征的设计手法进行的设计，是用新的视角对传统的诠释。

第四节　传统图案纹样的时尚运用

从现代服装近百年的发展历史中可以看出，各国服装设计师对本民族或异域民族传统服饰语言借鉴与运用最多的元素就是图案，可见其魅力所在。传统的图案和装饰是中国服装文化的出新之处，其相对的独立性使它们可以大量地移植到现代服装中，但是，中国传统纹样和装饰对于现代快节奏的生活方式显得过于繁杂，所以，在创新应用时必须加以简化（图8-4）。

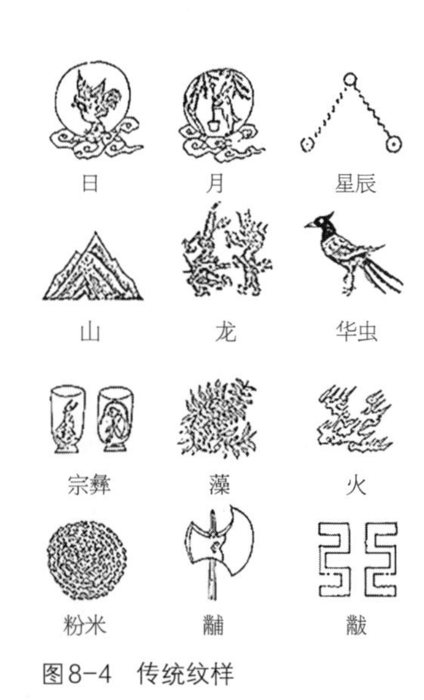

图8-4　传统纹样

每一种图案纹样都有自己不同的情感表达，在现代服装设计的形式中，恰当运用传统图案纹样能够更加完美地体现中国传统服饰文化的内涵，为中国的服装设计增加更深刻的民族风韵。在现代服饰设计中，传统图案的运用重点是要使图案与服装的风格一致，并处理好图案与服装其他要素的关系，只有这样图案才能发挥出更好的作用。

一、传统图案纹样的结构方式

我国民族服饰传统图案的结构方式有二方连续、四方连续、单独纹样、适合纹样等。其中，单独纹样有两种形式，一种是对称式单独纹样，又称均齐式单独纹样，其特点是以假设的中心轴或中心点为基准，使纹样左右、上下对翻或四周等翻，图案结构严谨丰满、工整规则；另一种是均衡式单独纹样，又称平衡式单独纹样，其特点是不受对称轴或对称点的限制，结构较自由，但注意保持画面重心的平稳。均衡式单独纹样图案主题突出、穿插自如、形象舒展优美、风格灵活多变且运动感强。均衡式单独纹样又分为涡形式、S形式、相对式、相背式、交叉式、折线式、重叠式、综合式等单独纹样（图8-5）。

图8-5　对称式单独纹样

二、传统图案纹样的装饰文化

传统服饰文化是一笔宝贵财富，它的题材广泛，内涵丰富，形式多样，流传久远。传统服饰图案具有超越现实的意蕴和浪漫色彩，代表着人们对特定事物寄予无限美好的愿望，具有很高的审美价值。

民族服饰中传统图案的创新运用，大体可分为民族服饰图案的局部运用和传统图案的打散重组两种方式。对民族服饰中传统图案的局部运用，就是将图案的局部完整形式直接用于服装设计中，使用这种方法需注意图案纹样与服装内部构造的疏密关系、整体关系及对比关系，并运用平面构成的知识营造图案与服装的关系。打散重组是对民族服饰中传统图案的转化运用方式，重组也要注意保持图案的风格，这样才能传递出传统图案的美。

三、传统图案纹样的现代应用

在服装设计迅速发展的今天，图案的创新运用也被放在了一个重要的位置，图案在服装设计中具有重要作用，可以起到“浓绿万枝红一点，动人春色不须多”之妙。它以灵活的应变性和极强的表现性适应了人们对服装日益趋新、趋变和趋向个性的要求，服装图案的标新立异，各式各样的图案通过不同的表现技法体现了现代人们对美的追求，呈现出传统服装图案的艺术魅力（图8-6）。

图8-6 传统图案现代应用

传统图案作为人类精神的客观化形式，不单纯是对外在世界的临摹，而是具有一种包含着独立精神的构型力量。历代人们之所以不厌其烦地反复描摹着一个图形，不仅是因为其优美的外形，还在于这些优美图形符号的背后往往蕴藏着深层的象征意义。外在形态是内在意义借以表达的载体，是内在含义的外化和物化。很多传统图案源于人们对自然和宗教的崇拜，经过时间的演变进而延伸出期盼生命繁衍昌盛、生活富贵安康等许多美好象征意义。所以，传统图案不仅具有美好寓意的象征，也是现代服装设计中图形艺术的重要组成部分。

第五节　传统色彩搭配的时尚运用

民族服装色彩在很大程度上受人文意识和民族文化的影响，我国传统的民族服饰在整体色彩上喜用蓝、青、紫、黑、白、红、绿等色彩，服饰色彩鲜艳明朗，色彩纯度高，大多是在单色服装上绣红、绿、黄、蓝色图案，这种色彩关系充满生命活力，视觉冲击力强。

然而，影响服装色彩搭配的因素有多种，例如肤色与服装色彩的搭配、体型与服装色彩的搭配、环境与服装色彩的搭配、材料与服装色彩的搭配、个性与服装色彩的搭配等。民族服饰色彩从服饰高纯度对比色彩关系、高纯度邻近色彩关系、高纯度互补色彩关系的运用，多方面给设计师们带来启发，使得民族服饰设计师可以根据自己的风格需要利用这种色彩关系，达到设计的目的。

一、民族服饰中的色彩组合

民族服饰的色彩有很多种形式的组合，其中包括无彩色与有彩色的组合、对比色与互补色的组合、同类色与邻近色的组合等。由于其色彩的纯度高，所以色彩效果比较强烈。

（一）无彩色与有彩色的组合

无彩色与有彩色的组合，指黑色、白色、灰色与其他各色所衍生出来的多种色彩，如黑与红、灰与紫、白与灰与蓝等。黑色、白色、灰色的单纯与彩色的浓艳相匹配，达成调和的效果，各种色彩相得益彰。由于无彩色秉性中立、不偏向任何色彩的特征，故可起到缓和色彩间冲突的作用。例如，在黑底的面料上绣红色系列的图案，黑色缓解了红色的冲击力。

当服饰图案设计以黑色占主体地位时，服装整体风格较为稳重，其中点缀的有彩色选择范围比较宽泛，如橘黄、柠檬黄、大红等色彩纯度较高的颜色，或者灰紫、橄榄绿、土红等色彩纯度较低的颜色都可以与之搭配，形成不同风格的服装（图8-7）。当服饰图案设计以白色占主体地位时，服装整体风格较为轻快。例如，采用红黄绿加白色底的组合，图案设计成简单的宽条纹，如此设计给人一种幽默轻松的感受。复合无彩色（如灰色或黑色和白色组成图案）与有彩色的组合也可以呈现出服饰图案的丰富层次。总之，无彩色与有彩色的结合不仅可以体现无彩色的沉稳，而且可以显现有彩色的丰富。

图8-7　无彩色与有彩色的组合

（二）对比色与互补色的组合

对比色与互补色的组合，在视觉上形成激烈碰撞，其中互补色视觉冲击力最强（图8-8）。通常有两种调和方式：一是在两个对比色中添加第三色，调节色彩冲撞，使色彩既强烈生动又融合协调；二是改变相邻位置的面积比，利用面积的大小、相距的远近变异配合，形成其中一色为主导色，其他颜色处于从属地位，达到调和的效果。例如，润方言区黎族女子服饰的用色，以黑色为主，黄色面积小，红色面积更小。

图8-8　对比色与互补色的组合

（三）同类色与邻近色的组合

同类色与邻近色的组合，这种色彩组合最多用，无论是两色还是多色的搭配总给人以统一的效果（图8-9）。以紫色为例，紫色很难与其他色彩搭配，因为紫色适用面极窄，稍一疏忽便可能产生阴郁而病态的感觉。比较妥当的配法可以是尽量运用同类色、邻近色的组合，如深紫与浅紫灰，紫红、玫瑰紫、雪青与白，粉紫、粉红与冬日白。如果上装是一袭典雅的紫罗兰单件外套，内衬珠光米灰的低领内衣，露出零星紫色丝绣玫瑰花纹，下着一条米灰底大朵紫玫瑰与青紫叶茎花纹的大摆长裙，以几粒纯色的金扣稍加点缀，即可获得一种雅韵风致。

图8-9　同类色与邻近色的组合

二、民族服饰色彩的借鉴与运用

色彩在民族服饰中具有非常重要的作用，我国不同少数民族服饰都具有自己的民族文化特色。民族服饰的色彩多样性和丰富性增加了民族服饰的种类，也使民族服饰产生"多样美"。深色的色彩结合给人以庄重朴实的感觉，浅色色彩的结合又给人以轻快明朗的视觉效果。同时，色彩也更加真实地反映出民族的文化生活习惯和宗教信仰。民族服饰色彩从最初的表现大众需求到现在的突显独特性，以前的民族服装都比较烦琐复杂，现在人们喜欢突出个性，使得服饰更贴近人们的审美需求并融入了现代元素。民族服饰与现代元素的完美结合能使服装的色彩感更加丰富、完整，也产生了许多设计理念，给民族服饰注入新潮流思想，提供了更大的发展空间[1]。

---

[1] 黄苹. 浅析民族服饰色彩因素间的融合 [J]. 戏剧之家，2015（22）：145.

民族服饰中色彩的运用非常巧妙，服装设计者在借鉴民族服饰色彩关系的时候，也同样要将色彩关系和色彩性格结合起来。因为色彩带给人的心理感受在设计中显得非常重要，对服装设计有直接的影响。在进行民族服饰色彩设计时，还要注意色彩性格和色彩与面料的关系。

色彩性格是指民族服饰大多色彩鲜艳，美丽斑斓，在进行现代服饰设计中应注意选用色彩与该民族风格一致，可在主色和配色上进行考虑，突显不同色彩的色彩性格，达到设计的要求。

色彩与面料的关系是由于纤维性能与织物组织结构不同，对光的吸收和反射也不同，同一色相的不同面料所反映出来的色彩感情、给人带来的感觉不一样，所以设计者必须结合设计风格来进行色彩与面料的搭配组合。

第九章

现代时尚展示及策划

第一节　时尚展示的概念和历史

"时尚"一词是人们对超前事物设定的代言词，英文为"Fashion"。"时尚"频繁出现在网络、媒体及报刊上，也是人们热衷讨论的话题。时尚的一个主要特征就是随时间的变化而变化，不能确定服装流行的速度、规律和范围。

一、时尚展示的概念

时尚展示最初的表演形态即服装表演，早在19世纪中期服装表演作为展示时尚、展示服装内涵的重要媒介就出现在人们的视野中，是提升人类审美意识的一种艺术表现形式。时尚展示主要指表演者利用训练有素的技艺专长来传达、体现具体的事件、情绪情感或非具体的意象，以达到表现艺术的目的。时尚展示是以展示时尚流行趋势为目的的多种表现形式的总称，因此服装表演是时尚展示的多种表现形式之一。相对于其他的艺术表现形式，服装表演有其独特之处。服装表演是在音乐和舞美的衬托下，结合模特的肢体语言和面部表情来展示服装的一种表演形式。其表演内容在于模特能够在特定情境中按照预先设计的情节对各种服装分别进行准确、生动且具有感染力的诠释[1]。服装表演并不是以人物形象的创造为目的，而是以人为载体，以展示服装穿着效果为目的，采用其独特的艺术表现形式与舞台表演，表达对时尚生活方式的诠释。

时尚展示是表现设计师的设计理念、创作灵感的最佳表现形式。同

---

[1] 孙书磊. 戏剧本质论之述评[J]. 内蒙古民族大学学报（社会科学版），2007，33（1）：46-49.

样，服装表演是表现服装设计师设计思想、创作灵感和服装作品的一种有力手段。在服装表演活动过程中，服装和模特是表演活动的中心与主体，表演和表演者都是为展示服装而服务的。通过模特的表演，观众能更充分、直观地感受到服装的美学属性和文化关联，引导人们在服装服饰上追求美、表现美，普及大众的服装文化知识，提高人们的审美能力和着装修养。

二、时尚展示发展史

（一）世界时尚展示艺术发展史

世界时尚展示艺术形式已有六百多年的历史，在经历了玩偶时期、真人服装表演时期、舞台形式创新发展时期、时尚展示繁荣时期四个阶段，由最初将服饰和配饰穿戴在玩偶上并进行展示的模式，发展到今天多种媒介参与的新型表演模式。

1. 模特的起源

1573年，意大利修道士尤玛尔柯用木头和黏土做成人体模型，并给其穿上麻布制作的服装，这一发明被当时的人们称为“模特”，此时的“模特”尚未被用于服装的商业展示。

1908年，杰出的女性设计师露西·达夫·戈登夫人（Lady Lucy Duff Gordon）在伦敦汉诺佛广场的达夫·戈登女子商店精心策划了一场服装表演，并在服装表演历史上首次采用乐队演奏。同年，英国伦敦的杰伊斯大商店在美国费城沃纳马克的埃及厅内搭起一座大型表演平台，模特们在平台上展示服装，这是世界上第一座用于时装表演的T型台。

1914年，在芝加哥湖滨大戏院，芝加哥服装业制造协会主办了一场服装表演，100多名模特表演了20250套衣服，表演共举行了9场，观众达5000多人，表演被拍成电影在美国上映。20世纪20～30年代，服装表演对模特本身的体重提出了新的要求，1937年又提出男、女模特同台展演的倡议，使模特行列中增加了男性的力量。

2. 四大时装周

时尚展示已经历了一个多世纪，各种各样的时尚展示风靡了整个世界，时尚展示已经成为展示服装艺术与设计师作品的最佳形式，世界各地的时装周、服装博览会、流行色发布、流行趋势发布以及服装设计大赛、模特大赛接连不断，一些重要的展示演出活动和赛事已被作为定期的常规活动，成为服装业内人士最为关注的热点，成为服装企业家、设计师、时尚买手和服装模特众望所归的庆典与节日，也成为世界时尚潮流的源头。其中最为知名的是巴黎、伦敦、米兰、纽约四大时装周，四大时装周以高级定制服装发布、高级成衣发布、成衣发布为主，每年举办一届，分为春夏和秋冬两个部分。

（1）纽约时装周（New York Fashion Week）：1943年，受第二次世界大战影响，时装业内人士无法到法国观看时装秀，在这样的困境中，纽约时装周应运而生。美国时装协会创办人之一的埃莉诺·兰伯特（Eleanor Lambert），在纽约创建了“媒体发布周”——这是纽约时装周的雏形，也是有史以来美国设计师的作品第一次获得了全球媒体的关注，纽约时装周也因此成为世界上历史最悠久的时装周。

（2）伦敦时装周（London Fashion Week）：1971年，托尼·波特（Tony Porter）说服了英国服装出口委员会，仅花费1000英镑，正式创办了首届伦敦时装周，当时官方名为“英国时装周”（British Fashion Week），主办机构为英国服饰委员会和英国纺织协会。1984年，为了更好地推广城市形象，英国时装周正式改名为“伦敦时装周”。2012年，由于参加伦敦时装周的男装品牌越来越多，英国时装协会正式将伦敦时装周拆分为男装周和女装周两部分。

（3）米兰时装周（Milan Fashion Week）：被认为是世界时装设计和消费潮流的“晴雨表”。20世纪50年代，意大利时装中心并非米兰，而是佛罗伦萨和罗马。佛罗伦萨和罗马之间的对立和冲突并没有更好地推动意大利服装业的发展，因此，意大利北部地区尤其是米兰获得了更好的机会。1967年，米兰时装周正式创立，这也是米兰作为世界性时装之都开始崛起的一年。

（4）巴黎时装周（Paris Fashion Week）：起源于1910年，从17世纪开始，巴黎便逐步积攒下时装制作的好名声。19世纪末成立的法国时装协会一直致力于将巴黎打造成世界时装之都，凭借法国时装协会的影响，卢浮宫卡鲁塞勒大厅和杜乐丽花园被开放成为官方秀场。虽然早在1910年巴黎时装周就已经初见端倪，但真正的创立时间却是四大时装周中最晚的，早期法国服装展品牌都是独立发布的高级定制作品，并未形成一个系统化的时装周模式，直到1973年，法国服装协会才将高级定制女装成衣和男装成衣统一安排，正式创办了巴黎时装周。

（二）中国时尚展示艺术的历史

1. 早期发展

时尚展示在中国起步较晚。据有关史料记载，20世纪20年代，由于中西方服饰文化的交流，在上海等城市已有时尚展示表演，参加演出的主要是名媛、明星和女学生等。1926年1月22日一篇发表在《申报》第十一版的报道《联青社筹办大规模游艺会》中明确提到了当时的时装表演是为了筹集儿童施诊所经费，由社员眷属及闺秀名媛担任模特，展示四季兼备的新式及旧款服饰，这堪称为沪上破天荒的表演，虽然表演形式并不纯粹，但仍可称之为国内“破天荒”的第一次时装秀。

2. 中国的时装周

1997年，中国国际时装周在北京创立；2001年，上海时装周在上海创立。中国国际时装周和上海时装周与国际接轨，一年分为春夏和秋冬两季，目前已成为国内顶级的时装、饰品、箱包、化妆造型等新产品、新设计和新技术的专业发布平台，成为中外知名品牌和设计师推广形象、展示创意、传播流行的国际化服务平台和中国原创设计发展推广的最优化的交流平台。此外，创立于2001年的中国（青岛）国际时装周也在业内形成了较大的规模效应。

2013年“中国国际大学生时装周”在北京正式启动，在宣传推广服装教育成果，展示大学生设计创意才华、促进大学生创业和就业等方面起到了积极的作用。

第二节　时尚展示的作用和类型

时尚展示作为服装艺术和表演艺术的结合体，在我国跨越了单纯的商业宣传目标，更多地和表演艺术结缘。逐步成为一种以服装服饰和模特为载体的新型表演艺术形式，具有经济价值和文化价值的双重功能。

一、时尚展示的作用

（一）在营销推广中的作用

时尚展示作为一种实用性艺术，历来都是把实用功能放在第一位，服装表演的初衷同样在于展示服装的实用功能，目的是为服装产品做广告，促进销售，这是时尚展示的本义，当然也包括引导消费、展示最新流行趋势、吸引新的消费者等。

因此，作为服装品牌宣传中最关键的一环，国内外服装企业、品牌都十分注重通过时尚展示的形式来推广作品，从而达到传递流行信息、促销商品、树立品牌形象、展示设计师风格、推出新品等营销作用和商业推广效应。

（二）在文化传播中的作用

经过长期发展与演化，传统服饰的时尚展示在我国日趋兴盛，或展示传统服饰文化，或展示传统服饰色彩，或展示传统服饰造型，或展示传统服饰面料，涉猎的范围也越来越广泛。时尚展示的服装，负载着更为广泛而深刻的内容和内涵。时尚展示对服装的传统意识、服装的民族底蕴、服装的时代色彩、服装的创新意识、服装的表演形式，以及对现代演艺技术的综合运用和品牌形象的塑造起到了非常重要的作用。

1. 民族文化的继承与传播

文化观念是民族的精神支柱，服装文化、服饰艺术具有很强的民族性。如何能在吸收世界文化的同时，保持民族文化特点，从而在丰富多彩的世界服装服饰文化中独树一帜是服装业内人士一直关注的课题。我国的时尚展示在吸收西方优秀元素的基础上，致力于传播民族文化。与其他服饰风格相比，我国民族服装的"民族风"有其独特的风格和魅力。我国设有服装表演方向的各高校以及各类模特培训机构，在模特表演训练中都会讲授传统服装的表现特征与表演技巧，使我国模特在表现民族特色服装服饰时，能充分理解传统民族服装服饰的文化内涵，从而能从美学的角度准确把握宁静、秀丽、柔和、轻盈等审美的总体意向。

2. 提高审美促进传播

时尚是一个时期人们普遍的审美爱好，是爱美和求新心理的表现。时尚是多方面的，而服装总是最快反映时尚变换，服装表演对于引导健康积极的审美情趣，满足和培养人们追求时尚的心理，是一种非常有效的形式。服装服饰文化内容丰富，只有培养人们对服装的审美情趣，提高对服装艺术和表演艺术的欣赏水平，才能促进服装事业的真正发展，从而达到开拓市场、扩大销售的商业目的。这是对多年来服装表演艺术发展的经验总结，也是时尚展示艺术发展的内在规律之一。

3. 结合时尚展示服装

时尚展示与其他文艺表演有本质的区别，主要体现在表演的主题不同。服装表演中服装是演出的核心和主角，而不是表演本身，所以在时尚展示中，除服装之外的表演元素必须围绕服装及其主题进行；在其他各种文艺表演中，服装则是配角，承担着为表演服务的功能。此外，两者表演的功能和效应不同，成功的时尚展示一般应具备展示、沟通的功能，起到商业效应和社会效应的双效应作用。纵观历史，时尚展示随着社会商品经济的发展而产生，即使不是所有的时尚展示都能产生直接的经济效益，但不可否认时尚展示具有一定的商业效应或潜在的经济效益，有利于服装商品的促销，是一种明显的商业活动。

由于我国文化事业发展的特点，时尚展示必然与文化传播紧密联系在一起，这已成为一种中国特色。各类文艺活动中经常可见时尚展示的演出形式，它对树立一个国家的形象、传播一个民族的文化精神等有着积极的社会效益。

二、时尚展示的类型

（一）按服装的类型划分

按服装的类型，可以将时尚展示划分为高级定制发布、高级成衣发布和成衣发布。

高级定制最早起源于法国皇室，19世纪中叶，查尔斯·弗雷德里克·沃斯（Charles Frederick Worth）成为高级定制时装商业化的先驱，此后高级定制一直是巴黎时装产业的主流。高级定制发布在服装领域代表着精细的服饰设计、精良的制作技艺。四大时装周里，仅有巴黎时装周坚持一年两季的高级定制周。热爱时装设计的法国人不仅对高级定制的制作手法、每季展示的服装套数等方面有具体要求，更对每年办秀场数、地点甚至内部员工人数都有严格标准，因此获批或受邀在巴黎高级定制时装周参加高级定制发布的设计师在业内都备受尊重。其他国家对于高级定制的条件相对没有那么严苛，或者说还没有形成统一的与国际接轨的准入标准。对于设计师而言，高级定制服装漫长、繁复的制作流程，高投资成本和消费群体的稀缺都是其进军高级定制领域的障碍。

高级成衣是指在一定程度上保留或继承了高级定制服装的某些技术，以中等收入消费者为对象的多品种的高档成衣，它是介于高级定制服装和成衣之间的一种服装产业。高级成衣原本是作为高级定制的副业出现，由于高级定制时装的受众较少，绝大部分的高级定制时装品牌都开拓了其名下的二线品牌来扩大销售，以获取更多的利润，这部分品牌产品化和功能化的高级成衣越来越受大众的欢迎。一般而言，高级成衣品牌都带有设计师本人或者品牌创始人的设计风格与个性，具有鲜明的品牌个性化符号，消费者在选择高级成衣时，不仅是选择单件的成衣设计，更是对品牌固有符号和文化的认可。目前的四大时装周都是高级成衣的展示、发布与交易的最主要平台。

成衣发布是指按一定规格、号型标准批量生产的成品衣服，是相对于量体裁衣式的定制和自制的衣服而出现的一个概念，这也是目前消费者接触面最广的。相对于高级成衣，成衣发布的设计艺术含量最低，不同品牌的设计水平参差不齐，没有过于显性的服饰符号与文化基因。不过成衣款式丰富新颖，且在价格上具有明显的优势，所以被一般消费者广泛接受。随着市场竞争的激烈，不少成衣品牌也越来越强调服饰的设计感与艺术感，如快时尚品牌优衣库、ONLY等，都会阶段性推出设计师联名款，在设计中主动添加高级成衣设计元素，从而吸引大批消费者的光顾。成衣发布在四大时装周中的比重较小，但在世界各地的中小型时装周中占有较大的比重。

在我国，中国国际时装周和上海时装周主要以高级成衣发布和成衣发布为主，其他如中国（青岛）国际时装周、大连时装周、宁波时装周、厦门时装周、杭州国际时装周、江南（常熟）国际时装周、深圳时装周、广东时装周等皆以成衣发布为主。

（二）按时尚展示的举办目的划分

按时尚展示举办的目的，可以将其划分为信息发布类、促销类、竞赛类、文化娱乐类等时尚展示。

信息发布类时尚展示通常是指服装行业协会、服装品牌企业、设计师个人或者服装院校等举办的发布会，此类时尚展示的内容包括流行趋势发布、最前沿信息发布、品牌形象宣传、设计师作品发布以及推出新人等。信息发布类时尚展示注重新闻媒介的宣传时效，从而快速传递流行时尚的最新动态，起到引领服装新潮流的作用。

促销类时尚展示通常是指服装生产企业、服装经销商、服装零售商等为了吸引客户或顾客而举行的订货会、博览会，是在综合商场、广场等场所举办的时尚展示。此类表演形式缤纷多样，更贴近生活与消费者，较好地满足了广大消费群体对不同服装的需求，同时也为主办方扩大了潜在的消费市场。

竞赛类时尚展示是指在各类服装设计作品比赛和各种模特选拔比赛中所进行的表演。此类展示是为比赛做嫁衣，人们可能更关注设计作品、参赛模特选手，对时尚展示的商业价值与宣传考虑较少，但也不排除商家利用此机会赞助表演服装，从而达到宣传品牌、提高知名度与促销的目的。

文化娱乐类时尚展示是指在文化活动、娱乐场所中举行的表演。此类表演活动最早出现在娱乐场所、休闲场所，同时在社会各类大型的庆典、节日纪念、开张仪式，甚至综艺晚会等活动中也频频亮相，包括戏剧、舞蹈、演唱等在内的多种表演形式穿插在一起，形成了多元化演出。事实上，文化娱乐类时尚展示不仅在我国时尚展示发展的进程中起到了推波助澜的作用，也已经成为一种具有中国特色的时尚展示。

（三）按时尚展示的组织风格划分

按时尚展示的组织风格类型，可以将其划分为服装作品表演、正规走台时尚展示、非正式走台时尚展示等。

服装作品表演又称戏剧化表演或情景化表演，把戏剧表演中的某些手法以及装饰艺术手法运用到时尚展示中而产生的表演。此类表演艺术性较强，须配备专业的舞美、灯光、音乐等，对模特表演的可塑性要求高，编导不仅要以符合时尚展示的要求来指导演出，有时更要接近于戏剧导演去指导表演整体效果。

正规走台时尚展示又称T台表演，是一种传统的、最常见的、运用最广泛的表演方式。这种表演方式与游行相似，所以也称服装游行，在英语中称“By Show”（“One by One”Show的简称）。这种表演类型的主要特征是延伸台道（Runway）的运用以及模特逐次出场展示服装的走台形式。当然，为了使表演具有艺术性和观赏性，此种类型的表演会对舞美设计、灯光设计、音乐制作处理以及多媒体运用等都提出较高的专业要求。

非正式走台时尚展示是指一种休闲形式的简易型表演。此类表演往往不需要完整的演出舞台，如在白天或照明条件良好的场所无需舞台灯光，在场地环境适宜的条件下，可以不搭建舞台表演，更强调服装与服饰。非正式走台时尚展示一般要求模特在商店的卖场、生产商的展厅、宴会厅、餐馆、茶室等场所展示，有时可通过与观众直接交流接触展示服装服饰。表演主要包括展销表演、店内表演等。模特身兼表演展示、解说商品之职，这类表演的演出准备工作比较简单，操作方便，注重服装与服饰的准备，营销目的较为明显。

（四）按观看时尚展示的观众群体划分

按照观看服装表演的观众群体划分，可以将时尚展示划分为专题时尚展示、零售业和消费者的表演以及杂志参与的时尚展示。

专题时尚展示主要是指依据服装行业的市场细分，针对行业某一具体部分而举行的表演，包括针对生产商的贸易表演、针对批发商并在服装交易批发中心举办的服装交易中心表演、为协会成员之间提供商业信息而进行的表演、贸易协会表演以及单独为新闻媒体提供的新闻表演。这类专题时尚展示的最大特征是观众不是零售顾客，而是采购商或买手等业内专业人士。

对零售业和消费者的表演是根据国际时尚源头发布的信息，对服装元素组合后进行的表演，目的在于指导零售业和普通消费者。这类表演主要有流行趋势时尚展示、店厅内表演和消费者时尚展示，其表演形式、内容极为广泛，尤其是消费者时尚展示，涉及特定市场表演，包括校服表演、新娘装表演、职业装表演、美容美发化妆表演、青少年服装表演、内衣表演、特殊尺码服装表演、假日服装表演、泳装表演、公益性表演以及少数民族文化的服饰表演。

杂志参与的时尚展示是指一些主要的时尚出版物和零售商共同举办的特定活动。其目的就是提升人们的流行意识、在零售层建立资讯通道，并增加消费者对一些特殊出版物的了解，随着光顾商店的顾客的增加以及人们流行意识的增强，服装服饰品的利润也会随之增长，实现促销目的。

第三节　时尚展示策划

一场时尚展示会涉及服装、模特、化妆、灯光、音乐、舞台、视频等诸多要素，作为综合的表演艺术，它的成功与发展有赖于其他艺术的支持和配合。一场成功的时尚展示可以说是多项艺术的发挥与体现，它们各自都在扮演着自己应该担当的角色，任何一项艺术都无法取代其他艺术的作用与功能，都无法替代其他艺术的内涵与价值。只有各方紧密配合，遵循服装表演的创作与体现规律，取长补短，共同探讨与创新，才能使时尚展示具有真正的生命力与表现力，才能让观众得到视觉、听觉及心灵上的满足，才能使其成为一门长盛不衰的艺术。

一、时尚展示策划的含义与目的

时尚展示策划是对将要举行的时尚展示所涉及的作品主题、作品完整度，模特的类型、表演风格、化妆造型，演出的形式、特色，以及舞美、灯光、多媒体等诸多方面做出相应的设计构思方案，并对方案进行决策。这是一个运用脑力的理性行为，是思维发散的过程，影响演出的最终艺术效果和商业价值。演出包含了时尚展示舞台演出所有要素，其策划方案指导着时尚展示的组织与执行，对时尚展示最终是否成功起着决定性作用。

时尚展示策划的意义体现在有效规划表演空间，把握整体形象、舞台造型设计、背景设计、色彩描绘、服装形象等，通过舞台布景装置、舞台空间形式、背景、灯光设计等来营造环境、突出主题核心。此外，还体现在演出空间的质量与空间比例关系、虚实关系、模特运动节奏的调控、观众感知器官的调控等方面。总而言之，时尚展示策划的意义在于体现其所具备的实效、再现和表现三大功能。

瑞士舞台美术家阿道夫·阿皮亚（Adolphe Appia）说过："不要去创造森林的幻觉，而应去创造处于森林气氛中人的幻觉。"时尚展示策划的目的在于运用演出场地的空间规划、舞台及其造型设计、灯光控制、色彩配置、音乐选编、模特走台编排设计、服装排序设计、视频媒体使用等手法，制造一场富有艺术感染力和独特个性的表演。时尚展示策划必须紧紧围绕时尚展示主题，以达到商业促销、树立品牌形象、促进设计新人交流等的目的。"目的性"是时尚展示策划的主导因素，只有目的性明确，才能真正为时尚展示策划提供创作空间。

在当代各类时尚展示中，时尚展示策划作为艺术与技术相融合的重要载体，在向观众传达时尚信息的同时，也为观众提供了美的视觉享受，逐渐被民众所接受和认知，使时尚展示这一特殊形式成为不可或缺的表演艺术。

时尚展示及其演出策划不是某个人的个人行为，任何一位设计师个人的作品发布，都需要一个团队共同合作完成。所以，任何形式的时尚展示都是集体行为，它具有很强的团队合作特点。只有当所有演职人员各尽其责，同心协力，协调配合，时尚展示演出才能顺利完成，策划才能实现创意效果。

二、时尚展示策划的要素

时尚展示策划是一项汇集了多种艺术表现形式与手段的综合性创作系统工程，具体包含时尚展示主题、时尚展示服饰、模特、化妆造型、舞台与道具、灯光、音乐、多媒体（视频）以及编导等诸多要素。

首先，时尚展示主题是演出策划诸多要素的核心与灵魂，它引导着展示表演各个环节的深入展开；时尚展示服饰是展示演出成功的主体和关键，可以合理引导观众或消费者进行服装服饰流行与搭配。其次，模特是展示表演服装的载体，是时尚展示最主要的组成部分，选择合适的模特能给表演增光添彩。当今时尚展示的模特选择逐渐从萌芽期的单一性选择，过渡到成熟期的多元化选择，以及鼎盛期的国际化选择，这种变化包括了对模特的个性、风格、类型、角色和身份的要求。最后，化妆造型可以传递时尚信息、塑造时装形象。舞台与道具是观众视觉聚焦的中心，而道具是舞台的组成部分，有助于时尚展示的主题宣传和演出氛围的营造。此外，灯光、音乐、多媒体也是策划中必不可少的要素，灯光赋予舞台生命，是每种舞台演出形式的灵魂，对时尚展示不仅起到渲染作用，也烘托了演出舞台的气氛。音乐可以刺激现场观众感受，给模特一个特定的想象的表演空间，启发观众对服装作品和设计师创作审美的联想与理解。多媒体（视频）对于现代时尚展示具有重要作用，其通过现场转播可以实现现场表演的放大显示，为现场观众提供更为舒适的观演效果，也可以实现对场外观众的现场直播，利用摄像画面的切换，主动引导观众欣赏时尚展示的设计重点。多媒体视频也可以在现场播放设计师灵感来源以及表演前期准备过程中的花絮，便于观众从更广的视角理解表演的内涵。近年来多媒体视频发展迅速，为众多表演形式创作出更为逼真的场景效果。此外，企业、厂商的一些宣传片资料也可在演出前通过多媒体视频播放，起到宣传与广告的作用。

时尚展示策划的诸多要素是随着时代发展和社会进步而不断变化的，并呈现出多元化、艺术化、科技化发展的趋势。时尚展示策划以传统程式化为基础，不断打破陈规出新出奇，逐渐融入了舞蹈、戏剧、情景、场景表演等来突显主题风格。在戏剧、歌舞等演出中出现的时尚展示的演出形式，也成为戏剧、歌舞演出的辅助。时尚展示的演出地点选择和舞台设计更加广泛有创意，音乐风格和作用更加多样，形式上也更为丰富，现场伴奏、明星演绎、数码合成等方式应有尽有。

随着科技的进步，对于多媒体视频的运用随处可见，时尚展示呈现出艺术与科技相结合的特点为表演增添了现代感。电影画面作为背景演绎主题，激光用作灯光渲染环境气氛，舞台材质更为新颖，计算机操作系统与音响系统完美结合，使现场音乐效果更为震撼，高科技影像技术使虚拟时尚展示成为现实。

三、时尚展示策划创意

时尚展示策划是时尚展示的内涵和灵魂，是决定时尚展示成败的关键，通过灵感撷取、分析构思，创造出新的意念和意境，丰富时尚展示的主题，使服装、作品实现具有实际作用和情感作用的艺术表现效果。时尚展示策划创意是一个复杂的思维过程，一般都要经过多次反复斟酌和头脑风暴，才能逐步形成一个较为完整的创意策划。创意过程中可以天马行空，任由想象力无限发挥，但必须注意创意的可实现性，即创意的最终可操作性。当然，时尚展示策划创意并非要求对其所有的时尚展示要素标新立异，它可以是对表演元素中的任何一项或几项进行创新，来达到主题策划的要求。有时太多的创意反而难以协调和统一，缺少整体性。

时尚展示策划创意在风格上强调艺术夸张，包括抽象和具象化艺术风格的处理，但在创意内容的表达上要求通俗易懂，便于观众接受表演的艺术手法，理解服装、作品主题的演绎，否则容易陷入曲高和寡的尴尬之中，浪费人力、财力，还有观众的时间与精力，因此应该要做到雅俗共赏。

艺术源自生活但高于生活，因此，时尚展示策划创意要以真实生活为基础，特别在策划具有传统历史情节或故事以及文化娱乐类时尚展示时必须以时代特征、区域文化、民俗民风等为创意设计背景，尊重客观事实，尊重历史。

第十章

时尚展示主题、场地及相关编排设计

第一节　时尚展示主题的作用和来源

任何一场时尚展示的表演都需要有中心内容，演出的所有环节和要素都将围绕这个中心展开，通常把这个中心称为主题。它是对时尚展示所要传达的信息、目的、内容、表演形式等特征的概括表述，一般可以用名称或简短的语句表达。

以2019年上海东华大学服装与艺术设计学院第19届服装设计的毕业生作品发布为例，该年度的毕业生发布了五个主题服装作品，每个主题都有其独特的风格和极具创意的灵感来源，与其他表演方式不同的是，每个主题均采用了戏剧化的方式进行展演：第一，以“Unfinished Studio”主题作为开场，展现给观众的并非传统意义上的成衣，而是五名成员化身为设计师工作室的人台，演绎当设计师离开后发生的一系列奇妙的故事；第二，“云想·霓裳”是一组民族风和现代风相结合，展现少数民族少女从边陲逐步融入都市的设计作品；第三，“No.1519”，表现了由四名少女组成的特工小组白天伪装自己，黑夜里勇敢出击的故事；第四，“反方向的钟”将整场秀推向高潮，五个女孩演绎了在西方20世纪50的背景下从纸醉金迷到平凡快乐，最终拥有自由理想生活的情景；第五，压轴上场的“衣寸衣三”，整组作品将衬衫的基本款式进行拆分改造并加入创意设计，打造了18套与众不同的衬衫服饰。本场发布会综合了服装展示、情景表演、动感歌舞等多种表现形式，展现了该届服装设计专业的学生四年来在各个方面学习积累的优秀成果，秀场设计用心，创意十足，极具表现力和感染力。

一、时尚展示主题的作用

（一）宣传产品形象

时尚展示主题对表演起到宣传主题和树立形象的作用。明确的主题为时尚展示确定了中心思想和主要目的，是对服装服饰产品进行广告宣传，以达到品牌宣传或商品促销的效果。想在演出之前就能有效吸引观众，让观众对演出内容、形式等产生足够兴趣，首先要以文字的形式概括出所要展示服装的共同特征以及演绎服装的艺术手法等。

时尚展示的主题是为表演作推广宣传的重要形式之一。一个响亮的、合适的、给人以足够想象空间的时尚展示主题，往往可以深入观众的内心，激发观众的好奇心。以盖娅传说2019年春夏以敦煌壁画为主题的时装秀为例，“画壁·一眼千年”的时装秀，结合了敦煌壁画中的菩萨、飞天等遗世之美的元素，将东方的美感从温柔婉约升华到了恢宏大气（图10-1）。

图10-1　盖娅传说2019年春夏“画壁·一眼千年”时装秀

（二）服务于演出设计

确定了时尚展示的主题，也就意味着决定了一场表演的风格类型以及将要表现的演出特征，包括设计师的理念、服装的类型、演出的形式等。演出设计的所有要素内容要以主题为支撑点进行设计制作，包括服装选择、服饰搭配、模特个性与走台风格、表演编排设计、舞美灯光、音乐方案、化妆造型等。主题是演出设计的依据，也是最终目的，它对时尚展示起到主导和决定性的作用。

巴黎当地时间10月2日，香奈儿（Chanel）公司展示了2019春夏高级成衣系列（图10-2）。5个月前的2019早春度假系列发布会上，香奈儿公司制造了一座巨大的邮轮，而最新一季品牌服装展示延续海洋主题，用几百吨白沙在巴黎大皇宫打造了一个迷你海滩。香奈儿公司在布景的细节上依旧非常讲究，甚至还制作了海水漫上沙滩的效果，小木屋、木栈道都备齐了，模特们走下木质楼梯，脱下鞋子，赤脚漫步于海滩，观众们几乎忘记了那是个假海滩。

图10-2　香奈儿（Chanel）2019春夏高级成衣

二、时尚展示主题的来源

时尚展示的主题是在演出策划阶段被逐步确认的，它的来源可以是目标观众，可以是演出服装和服装设计师，也可以是商场、舞台和服装院校等。主题把观众、服装和其他演出设计因素联系在一起，使表演能顺畅进行。所以在确定时尚展示的表演主题时，需要考虑品牌服装的理念、观众群体、流行趋势等多项因素。主题策划的灵感还可以来源于时尚与流行趋势、特殊环境和场合、特殊事件与人物以及其他一切可以想象的事物。

时尚展示的主题来源广泛，生活中的每个细节和角落所发生的事物，都能引发想象、发散思维而不受限制，可以涵盖政治、宗教、自然、文化、历史、艺术等诸多方面。如浙江农林大学2019年的生态服装秀（图10–3），这次毕业设计展示主题为“潮@东方”，来源于“中国潮”力量在国际时装周的醒目亮相。本土品牌的转型，既是国人对中国元素的情怀，也是服装设计理念的蜕变。毕业生们在设计中运用汉服等传统形制、百家衣拼布等传统工艺、山海经怪兽图样等传统图案、布老虎等传统造型和中药染等传统染色，与时尚流行趋势相结合，挖掘传统服饰文化魅力，倡导民族文化自信，打造了一场精彩的“国潮秀”。

图10–3　浙江农林大学2019年的生态服装秀

第二节　时尚展示场地的选择

表演场地的选择与表演主题息息相关。场地是保证时尚展示演出成功的基本条件，是模特展示服装的表演空间，场地决定了模特与观众的距离和视觉传播效果的关系。时尚展示由于其主题、规模、目的、形式、氛围的不同，表演场地的选择随机性很大，特别是特殊主题，更需要重视场地的选择。

一、时尚展示场地的要求

时尚展示表演场地除了要满足表演舞台搭建空间之外，还要考虑服装服饰展品在表演场地中的可视性、可容纳观众的数量，是否有模特更换衣服和变换造型的空间，是否有观众休息和衣物寄存的场所，照明系统、音响系统等条件。

巴黎世家的创意总监Demna Gvasalia在圣丹尼斯郊区的电影院（Citédu Cinema）中搭建了一个360°的展台。巴黎世家在巴黎时装周的秀场将电影院设计得像圆形露天剧场一样，大胆使用近乎纯粹的蓝色布景，为整个时装秀的氛围定下了静谧而专业的氛围。会场内类似椭圆形的四层阶梯，天花板上的带状灯饰板照亮了整个环境，模特在上面走秀非常具有动感。

二、时尚展示场地的分类

能满足服装表演基本要求的场地，都可以被选用。表演场地总体归纳起来可以分为室内场地、户外场地和特殊场地三大类型。

（一）室内场地

可供时尚展示选择的室内场地主要包括适合服装作品表演和正规走台表演的专业场馆、时尚创意园区、会展中心、剧院、宾馆、博物馆、体育馆、可供大型演出的商场，以及适宜于非正规走台表演的舞厅、餐厅、酒吧、艺术画廊、电视台直播室等。室内场地具备不受季节、气候、环境、时间等影响的突出优势，但因各种场地的形式、大小空间以及原有设施设备的不同，还有场地管理方式的限定等因素，因此，在满足各类时尚展示表演所策划的主题要求方面，或多或少会受到一定的限制（图10-4）。

图10-4　香奈儿（Chanel）2016春夏高级成衣秀

（二）户外场地

可供时尚展示选择的户外场地主要包括公园、林荫大道、体育场、休闲广场、古典与现代建筑物前、大商场广场、专业商店门口等。户外可供选择的场地不计其数，其优势是不受空间的限制，可以克服室内场地舞美设计的局限，可以对表演舞台进行形式和长度的自由设计。户外时尚展示可以选择在城市的著名景点前，这些景点也是城市的景观，以它为演出背景，更能体现演出场景的壮丽（图10-5）。

图10-5　香奈儿（Chanel）2018秋季落叶林

毋庸置疑，在户外场地举办时尚展示活动会受到季节、气候、交通等环境因素的较大影响。其中，气候是影响户外表演的最主要因素，温度太高或太低、雨雪天气等都不适宜在户外举办展演。选择时尚展示的户外场地时必须首先考虑场地所处地域的空间物理因素的影响，包括地域气候状况，特别是雨雪季时期，分析环境温度、湿度、空气流通情况等。人体对环境舒适度测试调查统计表明，当夏季室内演出空间的温度控制在25℃以下，冬季控制在18℃以上，相对湿度大于30%时，人才会感觉舒适。因此考虑户外场地表演时，应尽可能选择与此接近的气候环境条件，使时尚展示既实现主题创意，又保证所有与会人员有一个舒适的环境。此外，户外场地还需要安装必要的演出设备设施，特别是供电系统，工程浩大，在安全保障方面也必须投入更大的精力和财力。

（三）特殊场地

特殊场地是指那些较为特殊的户外场地或场所，一般不会用作表演场地，比如飞机跑道、湖面、桥梁、沙漠、游船、公共巴士等。虽然特殊场地、场所的演出条件不太好，但其本身的结构通常富有创意，能给时尚展示带来较大的宣传效应，演出本身会有一定的新奇感，带有刺激性，能最大限度地满足表演所策划的主题（图10-6）。

图10-6　李宁2020“丝路探行”

第三节　时尚展示表演编排设计

纵观时尚展示的发展历史，时尚展示从最早的模特着装后在商店中逐件展示的单一模式，已逐步发展并呈现出当下“百花齐放”的多元化趋势，包括风格化表演、情景式表演、场景式表演、舞蹈式表演、微型式表演、背景式表演以及反虚拟化表演等在内的各种不同的表演形式，使得时尚展示的表达内容更为丰富，其艺术表现手法运用更为灵活多元，技术创新手段层出不穷。当然，归根结底，无论时尚展示以何种面貌展现，由于其根本目的还是服装服饰的展示，故其基本的表演编排设计方式还是具有普遍规律的。表演编排设计的特点是以平面设计为基础，以立体空间来呈现。同时，表演编排设计的最终呈现与服装、舞台、灯光、音乐、模特等视觉要素有着直接的影响，一套完整的表演编排设计的合理化方案必然会受到上述视觉要素的多方作用。

一、时尚展示表演编排设计的主要内容

（一）模特行进线路编排

在时尚展示中，模特从出场到进入舞台展示期间所有的行走轨迹，称为模特的行进线路。一场时尚展示中，不是所有模特的行进路线都是一致的，每个模特都可能拥有自己个人的行进线路。而同一模特不同服装的展示行进路线也可能有所差别。在设计模特行进线路时，要尽量做到模特个体行走路线简单化，减少模特的表演难度，而整场演出的行进线路可以根据演出的需要进行设计，可以简单也可以变化多样。

舞台行进线路的设计，应该能够增加舞台的流动性，赋予服装生命和动感，增加演出的可看性。值得一提的是，越是经典的时尚展示舞台，越是经得起推敲的服装设计作品，其设计的表演行进线路都是相对

简单的（图10-7）。

图10-7 ZhuChongYun 2015春夏"悟·行"主题时装发布会

在时尚展示具体的编排设计中，要重点做好开场、闭场压轴模特的行进路线设计，要把握多名模特同时出场与退场的时机和顺序，考虑单个人进退场的均匀性、多人进退场的连续性、集体出场的正确定位以及集体退场的连贯有序与从容。设计模特行进线路时，应考虑设计模特与模特之间的合理间隔。间隔距离又称表演节奏，良好的舞台表演节奏可以有效控制舞台上的表演人数，使得舞台整体布局平衡，表演流畅。间隔距离的设计一般以保证整场演出的时间长度，确保模特及后台工作人员换装、化妆所需的必要的工作时间为前提。

（二）舞台定位造型设计

在时尚展示中，一般会要求模特在舞台上的台底、台中、台前或舞台两侧的位置完成静态造型。舞台底部定位造型侧重于表现模特着装的整体效果，让观众对服装作品形成整体良好的印象。前台定点造型主要目的是配合摄影师、摄像师的拍摄角度，给予摄影、摄像师充分的拍摄时间，在造型变化时兼顾整体造型和设计细节的展示。舞台中间定点造型应重点考虑观众的感受，可以突出服装的功能性设计和细节，与现场观众形成短暂而有效的现场交流。

在时尚展示编导中，设计好开场模特和闭场压轴模特的定位造型尤为重要。开场定位造型是“点题”，要求具备独特的个性魅力，闭场压轴定位造型是“总结”，一般要求体现整场演出的表演风格，完成整场演出的归纳。在时尚展示中，其他的定位造型都可以根据实际情况有所增减。此外，定位的点或多或少也与控制演出时间有着紧密的关联。一般情况下，展示服装数量过少抑或是舞台较小，定位可以适当增多，定位造型时间可以适当延长；展示服装数量较多，舞台定位可以相对减少，后台换装时间紧张的情况下可以增加定位造型，总体演出时间短时也可以通过增加定位造型来弥补。

（三）模特舞台造型及布局

模特的舞台造型与布局通常是指多名模特在舞台上的组合造型及布局。在表演编排设计中，除了需要设计模特个人的独立造型之外，有时还需要设计多人的舞台组合造型，采用不同方向的造型，配合不同位置观众的视线角度。根据舞台的宽度、深度以及可能存在的台阶与道具，设计模特个人不同的舞台造型，造型姿态可以是站姿、坐姿、跪姿或卧姿，从而有效地保证组合造型的高低层次不同和整体视觉平衡。此外，合理设计模特之间的间距，保持模特彼此之间走台、定位造型的适当间距，保证舞台造型和布局的空间合理性。设计者还可以巧妙利用单人及多人的多样化组合，保证组合造型的集中与分散。充分考虑模特从静态造型到动态行进时动作衔接的合理性，避免破坏舞台造型和布局的整体美感。在编排设计时，谨慎采用多人组合的同时定位造型。多人同时定位造型虽然在布局上显得场面宏大，但如果处理不当，容易形成呆板的舞台视觉画面，流动感差。因此，尽量避免多人组合中单个模特在某一定位的长时间静态造型，具体可采用模特单点多次造型或对点换位二次造型的方式，增加舞台的流动性和造型布局的变化。

二、时尚展示表演编排设计的原则

时尚展示编排的过程并非杂乱无章，而是有规律可循。舞台线路变化的流畅度、舞台动态的平衡度、舞台的静态布局均衡度都需编导进行统筹考虑，唯有从大局出发，各方面保持平衡，着眼整个舞台的视觉效果才能设计出最佳的表演编排方案。编排时具体应遵循以下几个原则。

（一）高低平衡原则

高低平衡原则，首先要求舞台上模特的身高在视觉上保持均衡。在最初排序时就要根据模特身高对模特出场顺序进行合理调配，一方面要注意服装与模特身高的匹配度；另一方面尽量保证按顺序出场的模特身高保持曲线分布。表演时出场的第一位模特和最后一位模特的身高尽量保持相近，可以采用“由高到矮再到高”的排序方式安排模特，避免在舞台上出现突兀的模特身高差。根据演出效果和展示服装的具体需求，偶尔也可以采用“从高到矮”的方式安排模特。多人组合编排的模特在身高上尽量相近，同性别模特身高差距最好保持在3～5cm，男女模特组合时身高差距最好保持在10cm以内。

其次，当表演舞台上有类似台阶等装置时，在定位造型布局时要注意站在台阶高处的模特数量不宜过多，小部分模特可站在台阶上，大部分模特需要分散布局在舞台上，并呈现层次分明、高低均衡的画面效果。

（二）远近平衡原则

时尚展示编排时要有效控制模特在舞台上的数量和位置，避免舞台失衡。动态表演时应有效地控制模特的间隔距离和模特在舞台上的总数，使舞台前端、舞台中台和舞台底部保持整体平衡，避免某一个舞台位置的人数过多或过少。同样在模特整体造型时，需按“远多近少”的原则来进行编排设计，保持舞台远近平衡。

（三）多少平衡原则

多少平衡原则与高低平衡原则、远近平衡原则紧密联系，不是独立存在的。通常情况下，高则少、低则多；近则少、远则多。在具体编排设计时，应按照上述原则保持舞台的平衡。

（四）疏密平衡原则

疏密平衡原则是指模特动态表演时个体之间间隔距离的疏密，也指模特舞台造型与布局时的错落有致。间隔距离不宜过疏，也不宜过密，过疏使得舞台过于空旷，过密则无法保证观众欣赏每套服装的时间，只能走马观花。舞台造型与布局同样也要考虑疏密平衡，不仅要与远近、高低、多少相结合，还要注意组与组、个体与组、组内成员之间各自造型距离的疏与密，合理安排每组模特的人数，整体错落有致。

（五）动静平衡原则

动静平衡原则主要是指模特在舞台上的动态展示和静态造型之间要平衡。根据时尚展示表演的不同类型，在表演的动静编排设计上也有很大区别。例如，发布会性质的时尚展示以动态为主，但应处理好模特个体舞台行进中的“动态”与造型时“静态”的关系。比赛类的时尚展示如服装设计大赛、模特大赛等，应处理好整体组合造型的“静态”与单件展示或单个模特展示的“动态”之间的关系；其他以静态展示为主的时尚展示表演，应处理好长时间保持造型的“静态”与造型变化的“动态”及进出场的“动态”之间的关系。

（六）快慢平衡原则

时尚展示中的快慢平衡主要与表演音乐的节奏有关，同时与编排设计也有一定的关系。音乐节奏是一种非专业的称谓，现代音乐通常以“拍每分钟”（Beats Per Minute，简称BPM）作为音乐速度的单位。表演节奏快，应选择节奏欢快的音乐；表演节奏慢，则应选择慢节奏的音乐。时尚展示中的快慢平衡还与时尚展示中服装的体积量有关，对体积较小的服装，如泳装、内衣等，一般选用较快节奏的音乐；对体积量较大的服装，如婚纱、晚礼服等，一般选用中慢速节奏的音乐。

在针对不同服装系列而进行的组合编排设计中，可采用同组模特进行舞台展示，运用速度快与慢的对比来体现服装的特点和系列感，增加舞台流动感和艺术效果，吸引观众的注意力。当然，快慢对比平衡的编排对编导设计水平和把控能力都提出了更高的要求。

三、时尚展示表演编排设计的基本方法

（一）程式化（“One by One”）的编排设计

“One by One”是一种程式化表演方式，是时尚展示中最基本、最常用和最简单的方式，也是专业品牌发布会最擅长使用的表演编排设计方式。程式化编排的特点是模特一个接着一个依次出场走台，该方式根据表演舞台大小及形状、表演服装具体数量、后台的化妆换装速度、整场表演的时间限制等多种因素决定舞台上流动的模特数量（图10-8）。

图10-8 “One by One”表演方式

（二）双人组合的编排设计

双人组合的编排设计是一种由两名模特同时在舞台上进行时尚展示表演的走台方式，能体现所展示服装的相互关系（图10-9）。

（三）多人组合的编排设计

多人组合的编排设计是由多名模特同时在舞台上进行表演的走台方式，这种编排设计方式能体现所展示服装的相互关系，也能清晰地展示系列服装的整组风格以及搭配等（图10-10）。

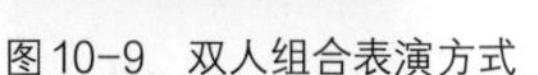

图10-9　双人组合表演方式　　图10-10　多人组合表演方式

四、时尚展示表演编排流程安排

（一）开场

开场是时尚展示表演最重要的部分，引人入胜、新颖别致是其关键，包括服装、音乐、舞美等所有相关因素都要融合在一起。开场的方式多种多样，包括单人造型、单人走台、组合造型、多人走台、舞蹈以及采用其他艺术表现形式等。

（二）衔接

衔接是指模特出场的间隔时间与走台方式，特别要把握好前一个模特进场与后一个模特出场之间的时间。衔接的目的是让一组或一个系列的服装之间不出现空台现象，从而保证演出顺利。

（三）转场

转场是一种“留白”的编排设计。在包含多系列服装的时尚展示中，为向观众传达服装系列信息，同时也为了增强演出的艺术效果，就要设计转场。这也可以让观众有一个视觉休息的间隙。转场需要舞美灯光与音乐的默契配合，甚至要视频的配合才能实现艺术效果，突显艺术感染力。

（四）终场

终场是指每场表演的结尾。终场的编排设计一定要有力度，要让观众感到愉快、为之鼓掌，留下难忘的印象。终场编排设计一般采用让所有的模特穿着最后一套服装返回到舞台，请设计师一起走上舞台，或由设计师单独上台等多种方式进行谢幕。模特站成不规则方阵或两排纵队一起出场谢幕的编排设计，是当下流行的一种终场方式。

第四节　不同舞台及表现形式的编排设计

在推陈出新的当下，时尚展示的场地样式多种多样，舞台已经不再局限于T型，而表演形式也日益丰富。不同的舞台形式和表演形式，在表演编排设计上也有着各自的特点，存在共性，也存在差异。

一、多样化展示舞台的编排设计

时尚展示中最为常见的舞台有T型和I型。编导们在创意激发下创新了舞台的形状，当前时尚界已出现了许多非传统意义的T台形式，如L型、V型、U型、X型、Y型、Z型、O型、S型、十字型、同字型以及回字型舞台等。无论是何种形式的舞台，在具体编排时可以采用不同的编排方式，但所有的编排都需要遵循时尚展示编排设计的基本原则。

（一）I型舞台与T型舞台

I型舞台与T型舞台，是时尚展示表演中最为常见的舞台形式（图10-11、图10-12）。T型舞台是传统的镜框式舞台的“进化”形式，仅留有较窄的底台。

（二）环型舞台

环型舞台是时尚展示表演中常见的舞台之一。环型舞台四面面向观众，在舞台归类上可以作为一种特殊形式变化的伸展式舞台，也可以归类为O型舞台，一种呈圆环形，另一种呈圆形。此外，椭圆形的舞台也可以归入此类（图10–13、图10–14）。

环型舞台的表演编排设计重点在于行进线路设计，可以设计成通用的逆时针方向旋转，按照“One by One”的方式进行编排，不设置定位造型点；也可以视观众座位安排和摄影师席位安排选择定位造型点。环型舞台也可以设计成由两名模特同时从同一出场口出场，两者反向绕舞台行进。如果所展示的服装为同一系列，可以在模特相汇处进行组合造型。

图10–11　I型舞台 　图10–12　T型舞台 　图10–13　环型舞台1 　图10–14　环型舞台2

（三）S型舞台和Z型舞台

S型舞台、Z型舞台实际上就是将笔直的T型舞台或I型舞台改成了弯曲的S型或折线形的Z型舞台。由于S型舞台和Z型舞台普遍较长，因此在表演编排设计时，可以在台中增加若干个合适的定位造型点。同时，注意确保舞台上模特的人数，控制模特的走台速度，要求模特之间能相互配合并始终保持适当的间距，避免舞台过于重叠空旷或局部集中，失去平衡（图10–15、图10–16）。

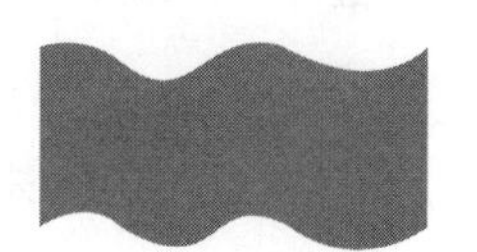

图10–15　S型舞台

图10–16　Z型舞台

（四）L型舞台

L型舞台基本上是“因地制宜”产生的舞台，通常舞台的一侧或两侧是墙体。在表演编排设计时，可以根据L型舞台进行设计，尤其需根据台口的具体情况分别进行编排设计处理，可以设计为一个来回、有往返的行进线路，也可以设计成无往返的行进线路。此类舞台在编排上应简洁化，可以根据观众座位安排和摄影师席位安排选择定位造型点，较长的L型舞台可以在台中增加若干面对观众的正面定位造型点（图10–17、图10–18）。

（五）X型舞台和十字型舞台

X型舞台和十字型舞台两者倾斜角度略有不同。X型舞台和十字型舞台在表演编排设计时，可以根据舞台设计特别是台口设计的具体情况分别进行走秀编排，可以设计成单个模特的行进线路，也可以设计成为多位模特在舞台中央的行进线路。X型舞台和十字型舞台在编排上应多样化，一般可以按照“One by One”的方式进行编排，定位造型点位置较多，可以适当选择（图10–19、图10–20）。

图10–17　L型舞台1　图10–18　L型舞台2　图10–19　X型舞台　图10–20　十字型舞台

（六）Y型舞台和V型舞台

Y型舞台、V型舞台是两种较为相似的台型，可以将Y型舞台看作“V型舞台+I型舞台”的结合。这两种舞台一般都设有两个上下场口，V型舞台通常可以设计一个单向的行进线路。Y型舞台一般可以设计一个只在延伸台部分有往返的行进线路，此类舞台在编排设计上宜采用“One by One”的简单形式走台。V型舞台可选择V字尖顶为定位造型点，Y型舞台可选择舞台的交叉中心和延伸台的前台为定位造型点。此外，还可以利用Y型舞台和V型舞台的双台口设计，做一些线路变动（图10–21、图10–22）。

（七）U型舞台和回字型舞台

U型舞台和回字型舞台是两种较为相似的台型，后者比前者多一个底台。U型舞台和回字型舞台一般都是双台口设计，编排时可以设计一个单向的行进线路，或者利用双台口设计，通过出场门的变动，进行线路变化设计。两者可供选择的定位造型点较多。因为有舞台底部设计，所以回字型舞台还可以采用一定人数的组合造型，动态表演与静态展示相结合，编排手法可以更加灵活（图10-23、图10-24）。

图10-21 Y型舞台　图10-22 V型舞台　图10-23 U型舞台　图10-24 回字型舞台

二、不同剧院舞台的编排设计

时尚展示经常会选用剧院舞台作为表演舞台。剧院设施齐备，优点明显，但又不完全符合服装表演的特点和需要。因此，在剧院舞台实施服装表演，在具体进行表演编排设计时，需要有更高的灵活性。

（一）镜框式剧院舞台的编排设计

镜框式剧院舞台虽然面积大，但舞台纵深不够，这也是时尚展示表演编排设计中最大的难点所在。镜框式舞台只有正面面向观众，后排观众与舞台的距离较远，不能欣赏到服装的细节，因此封闭式舞台更适合以娱乐性为主的服装表演。时尚展示表演编排设计注重舞台画面的构成，以整体氛围的营造为重，以服装设计的系列感和风格展示为重。由此，可以对镜框式剧院舞台进行创新性设计，以更加适合时尚展示表演。这种创新性编排设计的缺点是栈桥设计的搭建，它会跨越观众席位，使得现场空间变窄，表演的模特和观众人数减少，同时对场地改建的投入资金较大，需要在前期策划时就提出整体设计方案。优点是可将传统演出场地改为“因地制宜”的舞台，在保证安全的情况下，可以利用剧院场地观众席位间的走道，将剧院的镜框式舞台改建成回字型舞台或者H型舞台。在编排设计时，可根据不同舞台进行编排设计。此外，要特别注意舞台台阶、剧场过道的坡度等对模特以及表演现场效果的影响，对于体积较大的服装，如大拖摆礼服、带有裙撑的礼服等，在编排设计时，应注意舞台的调度。

镜框式剧院舞台进行创新性的编排设计是在不改变原有舞台结构的前提下进行的，改变舞台空间限制带给时尚展示的局限是需要重点解决的问题，可以按服装设计风格将服装分成若干系列。为了增加演出的可看性，要对所展演的服装进行系列归类。同时，将表演分成若干章节，在每一章节的表演设计中，借用灯光、音乐和多媒体视频，结合系列服装款式、色彩等本身特点，为各章节赋予不同的表演色彩。也可具体到每一章节的表演，在编排时可以采用"One by One"、双人组合或多人组合表演相结合的方式，在舞台上采用先整体展示，后多人组合展示，或者双人展示与单人展示相结合的编排设计方案。为了确保演出效果和演出时间，视舞台大小，在小组展示时可以进行多种变化的组合。双人组合可采用同性别组合和男女组合的不同方式，多人组合可以采用三人、四人或更多人员的组合方式，且各小组可以在表演中打散重组。

在镜框式剧院舞台的编排设计中，特别要注意做好表演的衔接设计，保持舞台的动静平衡。舞台上始终要保持有模特在动，尤其是个人或小组表演时，至少要做到一组（名）模特在前台展示时，另一组（名）模特刚好走到定位造型点，而后一组（名）模特已经开始启动。要把握好彼此之间的间隔以及前后动作的时间适合度，避免出现舞台上多数人长时间处于静态，尽量使舞台有"流动"起来的视觉效果。

（二）开放式剧院舞台的编排设计

开放式剧院舞台相对比较空旷，一般将舞台设计为四分之三面向观众，也有设计成四面均面向观众的舞台形式。在归类上，可以将开放式剧院视作圆形舞台。选择开放式剧院舞台举办时尚展示，可以参考T型舞台和O型舞台的表演编排设计手法。

由于开放式剧院舞台的演出区域距离后台普遍较远，因此在表演编排设计时，要特别重视对模特出场间隔的控制。

三、情景式时尚展示的编排设计

在一些特殊的时尚展示中，编导会利用场地、化妆、声光技术、多媒体技术、3D技术或舞台装置艺术再现某种场景，要求模特在个人表演中融入适当的角色扮演技巧，完成具有戏剧化的表演，体现时尚展示的艺术性，这类表演可以视为情景式时尚展示表演。情景式表演对于舞台没有太多的限制，任何种类、任何形式的舞台均可。最为关键和不同的是在时尚展示的过程中加入了戏剧化表演的元素。

情景式服装表演在编排设计时，首先要给予模特一个"角色身份"，要求模特在特定的表演环境内完成角色的转换。具体在编排设计中，可以在出场、集体造型或互动时采用事先设计的戏剧化的表演方式完成角色创作。由于时尚展示艺术不使用语言表达，所以编排设计要注意借助现场氛围、道具、模特角色之间的互动来体现角色的可信性，表情和肢体动作可以略为夸张，而模特在行进和定点造型时，则可以采用单人、双人组合和多人组合的编排手法，以常规时尚展示的表演方式完成展示。

更为复杂的情景式时尚展示需要配备剧本，拥有明显的故事主线索和人物角色设计，在编排设计时要明确模特在表演中的角色分工，要求模特在时尚展示的演出过程中同时完成角色塑造和服装展示两项任务。

以2015年上海举办的世界移动大会"科技无极限风尚秀"时尚展示为例，其表演主题为"时尚与科技的融合"，在表演中需要同时展示服装、电子科技产品、现代人的当下生活和未来生活。整场表演采用了情景式服装表演的编排手法，以"一位在时尚行业工作的年轻女性的未来一天"为故事主线索，通过四幕不同的场景桥段来完成演出。

总体来说，配备剧本，有故事、有角色的情景式时尚展示表演的编排设计比较复杂，但其形式新颖，可以较好地展示产品。情景式时尚展示表演要求模特有一定的戏剧化表演的能力。此类情景式时尚展示表演对舞台设计的要求不多，但对舞美，尤其是多媒体视频和音乐与声效的配合有较高的要求。

四、场景式时尚展示的编排设计

场景式时尚展示是指以标志性建筑物、旅游景点等作为演出背景进行的表演。场景式时尚展示的舞台制作成本较高，但展现的演出效果极佳。以D二次方（D Squared2）2014春夏男装发布为例，发布会伸展台的背景布置成一片鸟语花香的热带雨林荒岛，男模在瀑布、小溪的涓涓流水下展现完美的身材。整场演出简单的“One by One”编排方式，与仿真度极高的复杂背景形成鲜明对比。

此外，以标志性建筑物、旅游景点为演出背景，临时搭建场馆举办服装展示，利用的场地实际上就是室内场地。所以在编排设计手法上可以根据室内场地舞台的形式进行编排设计，一般也以简单的“One by One”的编排方式为主。以克里斯汀·迪奥（Christian Dior）2016春夏发布会为例，发布会以法国卢浮宫为背景，在卢浮宫广场上搭建了一座巨大的蓝色大飞燕草花园，花墙仿佛一座山丘，花朵倾泻而下，而秀场则在花海中时隐时现。

室外时尚展示以标志性建筑物、旅游景点为演出背景，也可以不搭建临时场馆，只搭建舞台或利用观众通道形成“无台化”设计。由于建筑和场地本身就较为壮观，且舞台较大，因此在进行编排设计时，要尽量简化处理，一般可以采用“One by One”的编排方式。当然可以根据舞台的具体形式，做一些行进线路上的变化。以浙江温州女装品牌雪歌2015冬季发布会为例，该发布会选址华夏文明的发源地古都西安，以古城墙为背景，致敬丝绸之路。发布会演出舞台设计成两个回字型舞台的组合形式，以城墙门为进出台口，在编排设计中采用两条行进线路，以“One by One”的方式编排，模特从出台口至前台为统一路线，完成定点造型后按奇偶数左右线路返回。值得一提的是，本场发布会的开场模特由穿着盔甲的“兵将”列队护送出场；谢幕时巧妙地利用了城墙的楼梯进行静态造型布点，场面宏大。

第十一章

时尚展示的模特、化妆及发式造型设计

模特是时尚展示中最主要的载体，服装服饰通过模特的表演得以更生动地体现其美感。优秀的模特能以一种令人信服的方式有效增进观众对服装的了解，加深印象，对整体时尚展示的形象塑造和成功起决定作用。选择合适的模特不仅会给表演增加光彩，同时其所传达的时尚信息也能被人们广泛接受与有效模仿。当然，模特优秀的表演也离不开优秀的化妆造型设计。

第一节　时尚展示的模特

时尚展示的模特是指从事服装服饰展演、品牌形象展示的人员。服装模特最初是为了促进服装的销售而存在。今天，模特作为一种可以灵活适应多数产品或服务要求的、有效的媒介，人们逐渐意识到其能为大众展示值得关注的产品形象，能引起顾客的极大兴趣，为产品做更好的宣传。

究其根本，模特的任务就是为各种不同的产品、各种不同类型的表演创作形象。这个形象是神、形、情三者相结合的产物，是模特独有的、其他类艺术人才无法替代的。模特工作的核心是造就产品丰富的内涵形象。由此，可以将“模特”定义为“根据客户的要求，艺术性地创造产品的广告形象”，这是模特职业的真正价值所在。模特在时尚展示中的作用是不可替代的，他们不仅是传递美的使者，也是品牌的塑造者。同为表演者，时尚展示与其他文艺表演有明显的不同。演员表演是以剧情的发展、人物自我的内心世界为表演中心，所有语言、表情、动作都是围绕这个中心来设计、表现、渲染的。模特的表演则具有一定的特殊性，无论在台上还是在镜头前，其扮演的角色始终应衬托产品，每一个眼神、表情、形体语言的设计都是为了让观众注意其所表演展示的产品，而不是模特自身。人们从模特的表演中感受产品的风格、特点，实现产品与观众追求欲望的沟通。

模特分类有很多种，具体来说，按照年龄的阶段层次，模特可分为成人模特、中老年模特和儿童模特等。按照展示表演形式，模特可分为动态模特和静态模特。其中动态模特包括T台模特、试衣模特和影视广告模特等；静态模特包括平面广告模特（杂志摄影、产品宣传海报等）、橱窗柜台模特、货架展示模特和特型模特等。国外按照模特的类型可分为现场表演的时装模特、现场展示模特、在视频产品中表演的电子媒体模特和平面印刷品模特等，不同种类的模特在各种工作类型的演出及广告中起着不同的作用。

一、模特的作用

（一）时尚展示中的载体作用

漂亮的服装服饰如果只是摆在橱窗中或挂在衣架上，那将是呆板的，只有当模特穿上它并随着身体的活动而千姿百态时，服装服饰才能得到全方位、多角度甚至是多功能的展现。所以，吸引观众的注意力，让他们的视线转向服装服饰的设计之美和功能，便是模特作为载体的主要作用。

（二）时尚展示中的桥梁作用

在文学艺术领域里，服装服饰是艺术品，服装服饰设计属于设计艺术，是人体美术和表演艺术。但从经济学的角度来看，服装服饰又是一种商品。作为服装表演载体的模特，在设计艺术和市场之间能起到良好的桥梁作用，同时也在设计师与消费者之间架起一座桥梁。当然，从时尚展示中受益的不仅是观众和设计师，更是生产商品的企业，其品牌受到了观众的关注和认可，其商品获得了艺术化的宣传与推广，更进一步激发了消费者的购买欲望，促使消费者最终做出购买决定。

（三）时尚展示中的沟通作用

模特与服装设计师的关系就像模特与摄影师一样，两者之间需要相互默契配合。当设计师的作品或产品样衣完成时，需要模特对样衣进行试穿，并把服装的穿着感觉，特别需要就肢体活动的舒适性与设计师进行沟通，帮助设计师检验服装的穿着效果，从而保证服装作品、产品的使用价值。有时模特也可以对服装设计的款式、面料、色彩等提出一些建议，帮助设计师找到灵感。

（四）时尚展示中的文化传播作用

从一定意义上说，模特是当代服饰时尚的诠释者，甚至可能是启动者，他们不仅代表服装艺术，也代表社会对现实美的把握，他们可以代表一种时代精神。在服装表演中，设计师通过服装设计和服装表演的主题，诠释他们对物质文明和精神文明的理解；模特对服装的诠释、再演绎有助于观众对设计和表演背后的文化与美的理解，引发观众的思考。

在艾里斯·范·荷本（Iris van Herpen）2014秋冬秀场，秀场中间被设置了三个巨大的透明真空袋，在其他模特走秀的同时，还有三位模特如同表演行为艺术般在真空袋中“痛苦地挣扎”。这些真空装置由比利时艺术家劳伦斯·马尔斯塔夫（Lawrence Malstaf）打造，通过真空固定让人体悬浮在空中，呈现身体如胚胎的状态。被挂在真空袋里的模特，不再像人类，更像是超市中随处可见的冰鲜食品。模特在真空袋里痛苦挣扎、扭动身躯，呼应了艾里斯·范·荷本本次的主题——生物剽窃，生物剽窃是指企业对大自然或农民的成果申请专利的行为。表演通过艺术结合科技的手段，借助现场模特的生动演绎，对“生物剽窃”问题发出质疑，引发观众反思：当人类基因开始被申请专利时，人类是否还能拥有自己的身体？是否有一天会有一家生物公司向大众收取基因使用费？

二、模特的选择与服饰风格

模特是时尚展示灵魂的表现者，模特表演的准确与否，对揭示服饰的风格内涵起到重要作用。设计人员要想充分表达出服装、产品的设计语言，达到与顾客沟通的目的，就须凭借模特这一特定的载体去呈现。

（一）服饰风格

服饰风格是指服装服饰自身所具有的风格特点。服饰风格所反映的客观内容主要包括时代特色、材料、技术的最新特点与审美、服装的功能性与艺术性的结合。服饰风格应反映时代的社会面貌，服饰风格不是主观随意的产物，必然具有客观的依据。因此，服饰风格不仅体现时尚展示的主题，也对模特的选择提出了一定的要求。

（二）模特对服饰风格的把握

要把握服饰风格，模特们要学会从单纯的表演到主动创造性地展示服装，其中包含着模特自身的天赋条件，对服装和音乐的感悟，勤学苦练的态度和一个好的引导。优秀的模特善于把握自身的个性、表演时动作的幅度、速度、力度、饱和度，因为这些都直接关系到展示的效果。

（三）选择模特的基本要求

选择时尚展示的模特时，除了考察模特的身高、体型等外表条件和基本的业务能力之外，更重要的是气质、形象、表演个性风格与服饰风格的相互融合与统一，要求模特能充分体现时尚展示表演的主题。

总之，模特选择的恰当与否对服饰风格的演绎有着相当大的影响。选择契合服饰风格的模特会让服装所传达的意境锦上添花，反之，非但表达不出设计师的思想理念，还会弄巧成拙。

第二节　时尚展示的化妆造型设计

化妆造型是时尚展示中不可或缺的重要组成部分。在时尚展示的表演中，模特化妆造型通常以突显产品、服装的整体风格为主，并通过化妆设计和发式设计来完善服装、产品在舞台上的呈现。

一、化妆造型的作用与分类

早在远古时期，人类的祖先就已经懂得用一些特别的东西来装饰自己。在原始人类的生活遗址中，考古学家发现了用贝壳、小石子、兽牙等制作而成的美丽的串珠。

（一）化妆造型的作用

随着信息化时代的到来，国内外时尚潮流日新月异，风格变幻多端。越来越多的人投入化妆造型的行业当中，成为这个时代美的代言人。化妆，是指运用化妆品和工具，采取合乎规则的步骤和技巧，对人体的面骨、五官及其他部位进行渲染、描画、整理，以增强立体印象，掩饰缺陷，表现神采，从而达到美化视觉感受的目的。而造型是人物外在形象的塑造，是人物生活的艺术再现。

化妆造型，是对“化妆”定义的一种延伸，即在化妆的基础上，进一步加入“发式”“头饰”等与造型相关联的内容，形成一种经过人工美化的人物形象的整体造型，表现出人物的自然美和装饰美，改善人物原有的“形”“色”“质”，增加美感与魅力，作为一种艺术表现形式，呈现出一种视觉效果。

时尚展示中的化妆造型设计不仅是以美为创作目的，更重要的是应符合所表演服装的设计主题的需要，并与服装风格相匹配，与服装的文化背景、创作灵感等方面融合，衬托出服装的设计理念，成为表现服装的另一种辅助性色彩。恰当的化妆造型，可以使模特与服装、秀场的风格更加吻合，能够更好地诠释服装所要传达的精神。具体而言，化妆造型的作用主要有以下3点。

1. 重新塑造模特的形象

模特的肤质不会完全相同，且好坏不一。但是所有皮肤上的瑕疵在T台上以及镜头前都会被无限放大。化妆的首要作用就是修饰模特的肤质。模特的面部轮廓也不尽相同，特别是中西方模特在面部轮廓上有很大差异，化妆师会通过妆容修饰模特五官，使其更加立体化。有时，化妆师还会通过妆容弱化模特本来的面貌特征、改变模特的外表，重新塑造出符合服装风格的模特形象。

2. 拉近舞台与观众的距离感

舞台与观众之间的距离不仅是空间上的距离，更是生活中的距离。在时尚展示中，舞台上强烈的灯光往往会冲淡模特本身的五官。而化妆师需要通过化妆设计强化模特的五官轮廓感，缩短观众与舞台之间的距离。

3. 准确传达设计理念

时尚展示是一场以服装为主、模特为辅的表演，其化妆造型设计就是为了更好地塑造服装的整体形象。一般来说，化妆师会根据整场秀中的设计理念，在化妆造型中使用一些服装设计元素，这些元素可以是抽象的符号，也可以是具体的花纹或者材料。由于妆容呈现出一种直接性的视觉效果，其意义更容易理解，所以模特的妆容设计可以更好地向观众传输设计师的设计理念。

（二）化妆造型的分类

化妆造型种类繁多。宏观上，可分为实用妆和创意妆两大类别。实用妆主要是借用化妆品和化妆技法，遮盖或者改变形象的不足之处，使形象更符合生活审美的需求。创意妆主要是通过一定的创意艺术表现手法重塑形象，增强形象的视觉效果和艺术表现力。时尚展示中出现的创意化妆设计，一般都有一个鲜明的表演主题。相比而言，高级定制和高级成衣发布出现创意化妆设计的概率更高。在2014春夏伦敦时装周上，维维安·韦斯特伍德（Vivienne Vestwood）的红牌（Red Label）秀场妆面被设计成“小丑妆”：模特的脸颊如同画布一般，任由化妆师涂鸦；底妆如日本传统歌姬一样煞白，额头、下巴等部位晕染黑色与红色的涂鸦，之后同样用黑色和红色为眼部妆容画出轮廓，并在脸颊上进行如同毛笔一样写意地点缀，最后形成的妆面效果与服装的色彩、繁复印花、拼色方法以及多层次的裁剪相得益彰，增加了表演的艺术魅力。

微观上，根据化妆色彩的强弱分为浓妆和淡妆，淡妆即运用明度高或纯度低的色彩，如生活妆、职业妆、透明妆、裸妆等；浓妆多运用明度低或纯度高的色彩，如晚宴妆、舞台妆等。根据“化妆部位”可分为全面化妆、基点化妆。根据“化妆目的”可分为净化化妆、矫正化妆、修补化妆。根据“化妆作用”可分为日妆、晚妆、职业妆、新娘妆、透明妆、摄影妆、时尚妆、T台妆。根据“化妆风格”可分为时代妆、浪漫妆、梦幻妆、运动妆、娇艳妆、甜美妆、典雅妆、优雅妆、东方妆等。

二、化妆造型设计的基本内容

化妆造型设计的基本内容包括底妆、眉妆、眼妆、唇妆、腮红。

（一）底妆

底妆作为化妆的基础，利用粉底液、遮瑕、粉饼等底妆产品打造出一个无瑕肌肤，妆容是否干净、妆容是否完美关键也在此。在生活中，精致、持久和完美的底妆一直都是化妆中最本质的要求。在服装表演化妆造型设计中，底妆的一个重要作用是改变肌肤的质地感，从2015年春夏时装周开始崭露头角的“雾面妆”，到2017年春夏时装周中大肆流行的“裸妆”，妆面重点都在于通过无妆感的底妆修饰模特的肌肤质感，大幅度提升皮肤的视觉效果，让肤色上妆后感觉透亮且自然。

在时尚展示化妆造型设计中，底妆底色的夸张变化也是一种常见的设计创意手法。为实现时尚展示主题等某些重要创作的广泛影响，时尚展示舞台上模特的底妆在色彩上总会有令人意外的变化，如通过底妆修饰彻底改变肌肤颜色。

（二）眉妆

在上底妆前，一般可先行处理眉形。服装表演舞台上模特的眉毛通常以自然眉为主，根据流行趋势，在弯眉和直眉、粗眉和细眉之间反复变化，也可以利用眉粉等化妆用品改变眉毛的颜色，或直接改为特殊眉形。当然，在时尚展示舞台上，化妆师偶尔也会将眉形作为整个化妆造型设计的视觉创意点。如在迪奥（Dior）2007春夏高级定制发布会中，为了使模特的化妆造型与服装设计和表演的主题“艺伎”相匹配，台上所有模特本人的眉形都被底妆所覆盖，另贴了锐利的三角形假眉（图11-1）。亚历山大·麦昆（Alexander McQueen）2014春夏发布会中，模特本人的眉形被底妆、眉粉或染眉膏等遮眉产品所修饰，“裸眉”成为妆面的最大亮点。

图11-1 迪奥（Dior）2007春夏高级定制发布会

（三）眼妆

通常眼妆是化妆造型设计的焦点。在服装表演的化妆造型设计中，眼妆变化层出不穷、创意不断，主要可以从眼线、眼影、睫毛等方面进行设计。

1. 眼线

眼线的变化有很多，根据不同的妆面要求，可以从上下眼线的选择、眼线轮廓形状、眼线的位置、眼线的对称性、眼线的晕染以及线的色彩等方面进行创意，进而做出不同的设计变化（图11–2）。

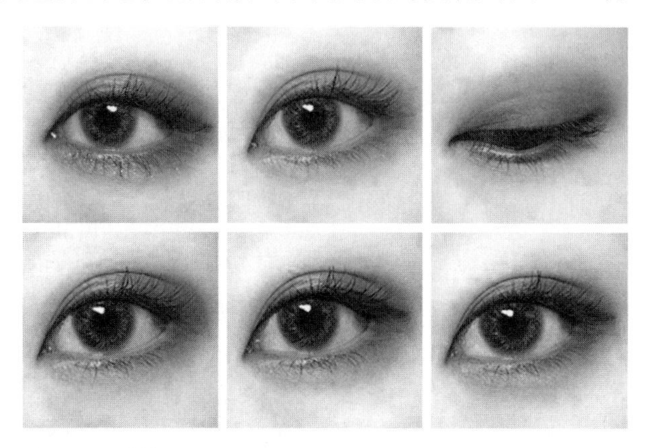

图11–2 眼线

2. 眼影

眼影的变化主要包括色彩变化、光泽度变化、面积变化、位置变化、晕染效果变化等方面。其中，最常见的设计变化是眼影色彩和光泽度变化。在某些场合，考虑表演主题或理念的需要，化妆师会使用一些特别的装饰以增加眼部化妆的效果。如用附着物打造的眼影，可以将亮片或其他装饰用睫毛胶水粘在模特眼部的不同位置与眼影交相辉映，形成较为夸张的眼妆效果（图11–3）。

图11–3 眼影

3. 睫毛

对睫毛的修饰也是眼妆设计中的一个重点，可以通过粘贴假睫毛或刷睫毛膏来改变睫毛的形状、长短、厚薄以及颜色，获得妆容变化的效果（图11–4）。假睫毛的处理方式多样，上下假睫毛的选择、睫毛粘贴层数的多少、睫毛粘贴部位的变换、假睫毛形状的修剪以及假睫毛不同

图11-4　睫毛

粘贴的方式等都可以造成妆容的差异。有时也会通过化妆工具和用品故意改变睫毛（假睫毛）的物理形态，使之更平直、更卷曲或呈自然分散状，或粘贴结成束状形成“脏眼线妆”。

需要指出的是，在时尚展示的舞台上，即使采用同样的设计创意，但是由于化妆技法的差异，相同设计理念的妆面也会表现出很大的差别。

（四）唇妆

唇妆色彩绚丽丰富、质感多样，是整个妆容的点睛之处（图11-5）。在时尚展示的舞台上，唇妆设计主要有唇型轮廓的改变、唇色的选择以及唇色的融合变化等。一般模特唇型轮廓以自然轮廓为主，可以使用唇线笔描绘出上下唇的轮廓，突出唇型的塑造。设计师有时也会故意破坏模特的自然唇型，夸大唇型，形成“肿嘴”妆面或缩小唇型，用底妆或遮瑕膏等化妆品掩盖模特嘴唇的自然轮廓，采用“点唇”的方法涂抹唇彩。

在唇妆造型中，单色唇彩的选择并不是难点，而多色唇彩的融合变化往往更容易形成化妆造型的视觉重点。

（五）腮红

化妆时腮红的正确使用，会使模特面颊呈现健康红润的状态。如果说唇妆设计是化妆造型的点睛之处，那么腮红就是化妆造型设计中修饰脸型和美化肤色的最佳工具（图11-6）。

在时尚展示中，化妆师偶尔会通过腮红使用的面积大小、部位不

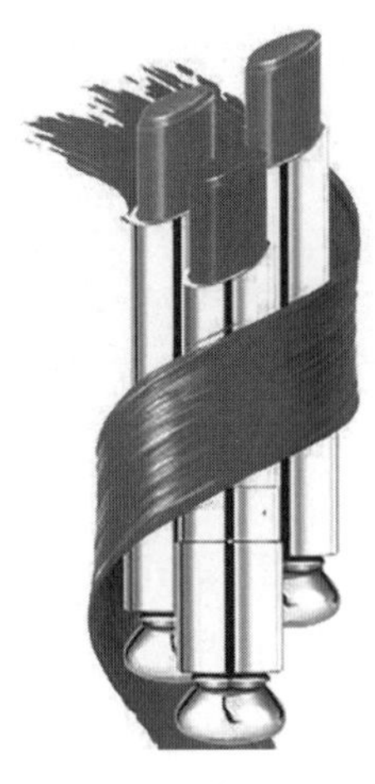

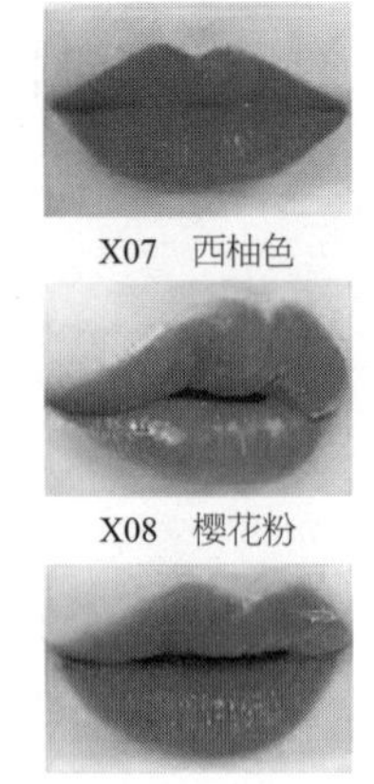

图11-5 唇妆

图11-6 腮红

同、色彩颜色的深浅变化，让模特形成特别的妆面视觉效果。夸大的、充满舞台感的腮红处理是一种传统的、具有极强生命力的化妆创意手法，不管流行如何变化多端，时尚展示的舞台上都会有一两个品牌，不惧议论，勇敢地使用腮红。

三、化妆造型的时尚展示作用

时尚展示的化妆造型是一种特殊的舞台化妆造型。区别于其他舞台化妆造型，时尚展示的化妆造型主要目的不是创造角色，而是与服饰道具一起，共同构成舞台上模特（产品的载体）的整体形象，强调化妆造型与服饰风格、款式、色彩等构成要素之间的整体协调，强化服装的创意、设计理念及设计特点（图11-7）。

时尚展示的化妆造型主要由化妆设计和发式造型设计两个部分组成，根据时尚展示主题、服装设计特点以及表演目的，进行化妆设计和造型设计，可以从实用妆进行设计，也可以从创意妆方向进行设计。

在一场主题明确的时尚展示中，几乎所有模特的化妆造型都是统一的，即使存在变化，其主要创意点和基本化妆造型手法也是一致的，通

图 11-7　时尚展示的各种化妆造型

常会根据模特的肤色、脸型以及所展示服饰的主要设计特点作出系列变化。当季的时尚展示，尤其是众多品牌的发布会，是服饰的流行风格、颜色、线条以及化妆等流行元素的集中体现。此外，时尚展示其化妆造型设计一般也应符合品牌本身的形象定位。

第三节　时尚展示的发式造型设计

在服装表演中，发式设计和化妆设计是一个整体，都是服装设计师设计理念的一种延续。相比化妆造型设计，发式造型具有很大的可塑性，在视觉上更容易对观众形成冲击，使服装表演的整体造型形象更加完整。服装表演的发式造型设计通常是服装设计师与发型师沟通后的结果，一般由服装设计师提出观点，由发型师最终确定设计方案。

一、发式造型设计的作用

发式造型设计的作用是将头发进行整体设计，达到美化的效果。成功的发式造型可以弥补脸型和化妆的缺憾，更好地展现模特所要表达的形象，在视觉上给观众留下深刻的印象。

服装表演中的发式造型是服装风格的一个延续，是对服装表演主题的一种辅助性的诠释。以汤姆·布朗（Thom Browne）2017秋冬发布会为例，发布会的服装主题是“使用羊毛进行量身定制”。为配合主题，威娜（Wella）专业创意总监尤金·索雷曼（Eugene Souleiman）在设计发式时将羊毛交织在头发中，打造朴实、简约、未来派的发式，展现手工技艺和图形感。这种造型由两种发式组成：一是顺直而下的光滑的真发发式；二是真发与羊毛交织编成的发式，将头发的底部束起，在侧分缝中打造一个发辫，将两米多的白色、黑色或灰色羊毛交织于其中，当模特走动时发辫直接接触到地面。

二、发式造型设计的内容

在时尚展示表演舞台上，一般来说，模特的发式设计都是相同的，尤其是在成衣风格的时装秀中。当然，由于模特发色、发质、发量和头发长度的不同，模特个体的发式可能会有一些区别，但其基本的设计理念是一致的。在设计发式时最主要考虑的是发式与时尚展示主题、服装设计理念的契合度，一般不考虑发式与模特个体脸型、五官比例的协调性，主要为表演服装和表演主题整体服务。

（一）常规设计

在时尚展示中，导演或设计师会根据需要将模特发式分成直发类发式、卷发类发式和束发类发式三大类。此外，也可按照模特头发长度来设计发式，主要分为短发发式、中长发发式和长发发式三种。当然，这种分法并不绝对。下面主要分析前一种分类方法。

1. 直发类发式

直发类发式，是指保持原来自然的直头发，并通过修剪，借助美发产品、直板器等美发工具，梳理成各种发式。直短发发式还可以通过刘海儿的变化、中分或偏分的不同、头发蓬松度的差异以及干湿处理等不同的处理方法，取得不同的发式造型（图11-8）。

2. 卷发类发式

卷发类发式，是指利用卷发棒等美发工具将直发做成卷曲形的头发。通过盘卷和梳理，可以形成各种不同形状的发式。卷发类发式可以使用横卷、竖卷、螺纹卷等不同卷发方式组合，通过卷发成圈大小的变化取得波浪状、羊毛状、小螺旋状等不同的发式。和直发类发式相似，卷发类发式在发式的刘海儿、中偏分、蓬松度以及干湿处理等方面也有很多的设计变化空间（图11-9）。

3. 束发类发式

束发类发式，就是将模特的头发扎起来。根据不同的操作方法和造型，束发类发式可以分为辫发、盘发、扎发等不同发式。

（1）辫发：按照辫发的股数分，辫发可以分为整股辫发和分股辫发等不同的方式；按照方向可以分为从上往下辫发、从下往上辫发以及横向辫发等不同的方式；按照辫发量的多少，又可以做不同处理（图11-10）。

（2）盘发：是指造型师通过梳、挽、

图11-8　直发类发式

图11-9　卷发类发式

图11-10　辫发类发式

图11-11　盘发类发式

图11-12　扎发类发式

盘、编、叠、扭、扎等手法的操作，将头发巧妙地结合起来，组成各种不同款式的发型，最大限度地体现出女性美丽、高贵、典雅的特点。盘发造型的式样多种多样，可根据场合的不同，选定盘发的式样（图11-11）。

（3）扎发：扎发位置的不同，会产生不同的发式效果，可以在脑后扎，可以在两侧扎，也可以单侧扎，可以紧扎也可以松扎（图11-12）。

在时尚展示中，发型师们经常会对常规发式设计方法进行组合，如采用辫发与盘发组合、辫发与扎发组合、卷发与扎发组合等不同的方式，从而获得更多发式变化效果。此外，细节处理也是非常重要的。例如，对散发和加发丝的处理也是发式造型设计的重要方法。

（二）特殊设计

在时尚展示中，由于模特个人的发式有很大的区别，发型师们经常会采用一些特殊手段（使用假发、改变发色）对模特发式进行整体处理，或在发式中加入特殊的、统一的设计元素（加头饰），以保证模特发式在设计理念和视觉上的统一。

1. 使用假发

在时尚展示中，发型师可以使用预先设计的假发套、假发髻，以保证现场发式的高度统一，也可以使用假发片打造充满形式感的、符号化的发式元素，避免模特因发长、发色各异而影响发式的整体感（图11-13）。

2. 改变发色

发型师采用彩光香波、彩色润丝以及喷发胶等一次性或暂时性的染发剂，临时改变模特发色，使模特发色局部或整体统一，有利于塑造发式的整体感。临时染发剂可以像颜料一样附着在头发表面，对发质损伤极小，而且染发后能保持头发良好的光泽和弹性（图11–14）。

图11–13　使用假发

图11–14　改变发色

3. 采用头饰

头饰是极具装饰效果的饰品。头饰的类型种类很多，包括帽饰、发卡、头巾、羽毛等，不同的头饰会演绎出不同风格的造型。头饰所佩戴的位置特殊，装饰感强，因而是时尚展示表演整体造型中不容忽视的要素之一。头饰可以由发型师或表演编导建议使用，但更多的情况下是由服装设计师提供。由服装设计师亲自设计制作的头饰是服装设计的延伸，能表达时尚展示的主题内涵，突出整体造型的特点（图11–15）。

4. 夸张创意

对于具有鲜明服装设计理念和明确的表演主题的时尚展示，可以采用艺术化的夸张手法，使发式造型设计完全融入设计和表演主题中，形成一个相互融合的整体形象，以提升时尚展示的艺术价值（图11–16）。

图11-15　采用头饰

图11-16　夸张创意

第十二章

时尚展示的音乐

时尚展示是一种综合的艺术表现形式，其中，音乐在时尚展示中的选配和编辑也是这种综合艺术的一个重要组成部分。时尚展示中的音乐通常需结合服装的风格、模特表演的风格、导演的编排需要和现场效果等来进行统筹。模特、服装、表演与音乐的结合，促进了时尚展示的发展和延伸，丰富了时尚展示表演艺术的表现力。而音乐也通过时尚展示这一综合表演艺术形式拓展了自身的传播和艺术影响力。

第一节　音乐与时尚展示的关系

时尚展示的基本模式源自法国宫廷的玩偶，随着时尚产业的发展，逐渐将舞蹈、戏剧、表演等艺术形式融入其中，并对该表演模式的发展产生了深远的影响。音乐作为表演艺术中一个重要的组成部分，起着越来越重要的作用。

在时尚展示的历史上，最先出现的音乐表现方式就是现场演奏，起初主要以管弦乐队的演奏为主，后来随着音乐自身的发展，出现了不同的现场演奏方式。当下的时尚展示往往会邀请知名的歌手、歌唱家、乐队进行现场演出。

时尚展示的音乐现场演奏没有固定模式，表演曲目和演出风格一般需要事先确定，但也有例外，即表演者运用自己丰富的现场演出经验，根据演出实际情况和舞台结构，进行即兴创作或现场发挥。现场演奏音乐为时尚展示提供了一个特定的情绪和视觉氛围，虽然费用支出昂贵，但对于服装品牌和表演者而言，其合作的本身就体现了艺术的相互交融，因此其现场效果和后期收益非同凡响。

相对现场演奏而言，预先录制音乐并现场播放也是时尚展示中经常采用的、较为流行的音乐表现方式。在版权允许的前提下，可以将磁带、唱片或者网络上的音乐重新编辑、录制成曲，用于现场播放。采用此种音乐方式成本较低，并可在任意时间内多次播放。

2019年，由中国社会艺术协会大众文化艺术委员会主办的“相聚大美青海·唱响丝路花儿”2019青海文化艺术节上，海口市旗袍协会带来的原创黎锦服饰秀《黎娘晨歌》，以海南独特的黎锦文化元素以及黎族传统音乐为背景编创的节目，以全场最高分获得专家评委们的一致好评，最终荣获该艺术节终极大奖——特等奖（图12-1）。笔者作为原创黎锦服饰秀《黎娘晨歌》的编导，在选择音乐时注重将民族与时尚元素相结合，在节奏的控制上注重快与慢、急与缓的合理搭配，悠悠的木笛、清脆的鼓点将一群身着黎锦旗袍的美黎娘生动地展现在观众面前。整场表演采用的曲目是预先录制好的经过重新编辑和创作后，录制成时长为8分钟左右的合成音乐，音乐风格灵动、精练，节奏明快。

图12-1　王立编导的作品《黎娘晨歌》

现场混音是在时尚展示表演现场，利用专业设备为现场演出混制音乐，现场DJ会提前搜集一些音乐元素和音乐节奏，在演出现场根据服饰风格加以节奏、鼓点或重拍的变化达到现场混制的效果。现场混制的好处是可以结合现场气氛即兴创造音乐，更加准确地把握所展示的服饰风格。现场混制对现场工作人员的艺术修养和灵感要求较高，能较好地把握音乐现场、服装、模特展示三者之间的关系。这种音乐表现方式在20世纪90年代～21世纪初较为流行，由于数字音乐编辑和播放技术的发展，在当下时尚展示中已经很少采用这种音乐表现方式了。

时尚展示中的音乐是一种较为主动的介入。首先，在时尚展示过程中，模特可以借助演出音乐的意境、想象力和表现力，创造出一个可想象的表演空间，激发现场观众的想象，引导观众欣赏，启发观众对服装作品和设计师创作审美的联想与理解。其次，演出音乐要兼顾时尚展示的营销目的，主动适应观众群体。在具体选择演出音乐时，可根据观众群体的需求和审美特点选择更易于被观众接受的音乐，以达到商业目的。最后，演出音乐的合理性主要体现在对音乐节奏的把握和对时长的控制这两个方面。合理的演出音乐节奏可以帮助模特更好地展现表演技能，过快和过慢的节奏非常考验模特台步技巧的发挥水平，现场不同音乐节奏的变化同样会影响模特表演的情绪起伏，舒缓的音乐节奏使模特心境平和、仪态高雅，鲜明动感的节奏有利于激发模特的表演热情，使表演动感、时尚、炫酷或具有活力。

因此，在时尚展示中，演出音乐往往担任着现场总指挥的职责，其他各演出参与人员和工作人员包括模特、灯光、多媒体等都会在演出时统一听取音乐所发出的指令。在整场表演中，音乐起着引导表演的“起、承、转、切、收”的重要作用。

第二节　时尚展示的音乐设计

音乐与服装作为两个独立个体，其内在始终蕴含着诸多联系，在节奏、色彩、布局、比例、力量、风格等方面都围绕着时代变迁、社会生活、宗教礼仪、精神风貌、地理环境等展现各自不同的审美观念，两者在艺术特点上都体现出“时间”与“流动”。音乐是服装不可或缺的重要元素，是服装发展的催化剂之一。音乐和服装共同的存在方式决定了两者相互依存、相互作用的协调统一。

一、服饰风格与音乐

在时尚展示中，只有清楚服装服饰的风格特点，才能较为准确地创作出满足服装表演需要的音乐。在音乐与时尚展示的对应关系中，音乐将服装与表演有机地联系起来，借助意境感、想象力和表现力，引导观众感受服装设计主题，在时间和空间上与服装设计作品形成观念的相互交流。

（一）运动装、泳装服饰展示的音乐

运动风格服装动感强，款式清新随意，具有活力。泳装款式贴身，可以充分展示身材，显露肤质。运动风格服装及泳装的面料多采用针织类织物，具有良好的弹性和延展性，透气吸湿性好，穿着舒服，色彩鲜艳、明快。在选择音乐时，一般选用电子音乐，器乐和声乐皆可，以明快、有活力的动感音乐为主，情绪欢快、轻松。在选择泳装表演音乐时，也可选用多姿多彩充满活力的动感舞曲风格，还可以在音乐中混入各种带有海滩风情的音效，如海风、海浪、海洋生物等，渲染现场气氛与泳装表演特有的“跳跃感”相吻合。

（二）民族服饰展示的音乐

民族风格服装服饰是在传承和借鉴传统民族服饰元素的基础上，结合现代需求，兼具民族元素和现代时尚元素相结合的服装服饰作品。在选择民族风格服饰表演音乐时，可以选择与服装风格相匹配的民族乐器所演奏的民族音乐或世界音乐，也可选择带有鲜明民族特色的新世纪音乐。新世纪音乐可以由传统自发声乐器演奏，也可以是电子音乐作品。新世纪音乐的特点在于自然的律动与音符强弱之间的节奏，总体感觉自然而自由，有着风一般的流线姿态，其旋律具有即兴演奏的味道，在音乐结构上会赋予人极大的想象空间，所用的和声大部分是相当和谐的，给人祥和之感，其音色透明、神秘，充满朦胧氛围。在新世纪音乐中，

部落音乐[1]将高科技与民间音乐相结合；民族混合音乐则将世界音乐与新世纪音乐彻底融合，保存了许多散落在世界角落里的民族民间音乐，这些都是民族风格服装服饰表演音乐选曲的重要来源（图12–2）。

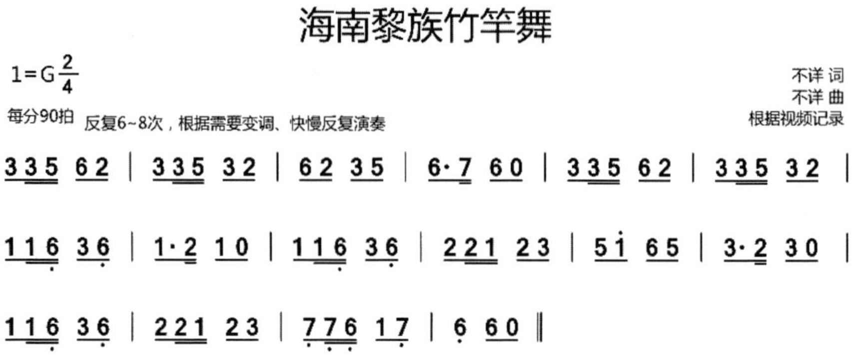

海南黎族竹竿舞

1=G 2/4

每分90拍 反复6~8次，根据需要变调、快慢反复演奏

不详 词
不详 曲
根据视频记录

335 62 | 335 32 | 62 35 | 6·7 60 | 335 62 | 335 32 |

116 36 | 1·2 10 | 116 36 | 221 23 | 5i 65 | 3·2 30 |

116 36 | 221 23 | 776 17 | 6 60 ‖

图12–2 《海南黎族竹竿舞》曲谱

（三）休闲服饰展示的音乐

休闲风格服饰可以分为自然的田园风格和城市生活的都市风格两类。田园风格的灵感多来源于乡村，展现自然、自由、自在的生活状态，都市风格主要体现人们对快节奏生活的调节，体现方便、舒适、随意的生活状态。休闲服饰风格表演音乐通常会选择一些较为时尚并带有一定节奏感的音乐作品，多使用器乐，也可以采用声乐；可以在音乐中加入城市、自然等相关的声效素材进行混音，再现生活化场景。电子音乐、轻音乐等都在其选曲范围之内，音乐情绪较为明快，节奏以中、快速节奏为主。

（四）职业服饰展示的音乐

职业风格设计是从现代服装设计“大服装体系”中分离出来的，是一个相对独立的职业装（Unifororm）分系统。职业装主要适用于工作

[1] 新世纪音乐是介于电子音乐和古典音乐之间的新样式，也称新纪元音乐，是20世纪70年代后期出现的一种音乐形式。其类型有部落音乐、精神音乐、太空音乐、器乐独奏、自助音乐、新古典音乐、民族混合音乐等。

场合，体现职业的符号化特点，可针对政府、机关、学校、公司等不同团体。职业装介于时装和普通成衣之间，对场合的适应性很强，具有端庄、干练、整洁的整体效果，一般职业装的款式简洁，线条清晰、流畅。穿着职业服装是对服务对象的尊重，也使着装者产生对职业的自豪感、责任感和团队归属感，是“爱岗敬业”在服饰上的一种具体表现。职业服饰风格表演音乐一般可以选用节奏感强烈的电子音乐，以器乐为主；音乐的情绪可根据职业特点加以不同区别，音乐以中、快速节奏为主，重拍即鼓点明显。

（五）礼服展示的音乐

礼服也称社交服，泛指在公共场合及社交活动等正规场合所穿着的服装。依据礼服的形式，可分为正式礼服和非正式礼服两种；从穿着时间，可分为昼礼服和晚礼服两种。礼服类服装注重服装设计细节、服饰整体搭配和装饰效果，服装动感不强。小礼服和晚礼服会给人以庄重、典雅、高贵、气质不凡的感觉。礼服风格表演音乐可选的范围很广，包括古典音乐、轻音乐、新世纪音乐、电子音乐，甚至歌剧中的咏叹调都可选为礼服风格的表演音乐。音乐可选用器乐，也可以选用声乐，配器特点突出鲜明。所选音乐旋律优美、别致、饱含韵味，情绪可有多种。表演礼服的音乐节奏以中慢速节奏为主，表演较大下摆的礼服时，所选的音乐节奏以慢节奏为主。

对于顶级品牌或独立设计师作品而言，为其选配时尚展示演出音乐不能简单地从服装的风格上加以归类，而应该对作品的设计灵感进行分析、归纳、总结，发散人的思维，寻找与服装设计灵感相匹配的音乐类型与风格。服装设计灵感来源包罗万象，可能是某种文化或亚文化，可能是某段历史，可能是某一艺术风格与流派，可能是建筑、音乐、电影或者某一具体器物，甚至可能是设计师某次旅行的所感与所思。因此，选配顶级品牌或独立设计师作品的表演演出音乐时，应与设计师充分地交流，相对弱化服装的穿着场合和功能，突出设计师的艺术构想与企图，减少商业性，尽量从艺术性上满足设计师的需求，提升服装表演的艺术价值。

二、音乐与模特表演

（一）音乐节奏与模特表演

节奏是音乐的骨骼，它强调并规定音乐在时间中的进行方式，表现为音乐规律性的强弱交替运动及组合的有序性。在服装表演中，模特需通过音乐的节奏变化调整台步的变化，包括步频与步幅变化、手臂摆幅大小、身体摆幅程度以及交叉步或平步的选择等。优秀的模特应该在任何音乐节奏中都显得游刃有余，既能适应快节奏和中速节奏，也能经得住慢节奏的考验，更能从容应对时下极为流行的无节奏纯旋律音乐的挑战。

1. 快速节奏处理

在处理快速节奏音乐时，模特最常见的问题是跟不上音乐重拍（鼓点），或者出现上身尤其是肩部过分晃动的毛病。由于高跟鞋的限制以及台步中比男模特多了一个提胯动作，女模特比男模特更难跟上快节奏音乐的节拍（鼓点），有时还会出现膝盖弯曲和臀部下坐的不良姿态。所以在日常训练中，女模特要加强穿着高跟鞋的站姿训练和下肢力量的训练。如果在演出时确实跟不上节奏，还可以采用“三拍走二步”的处理方法。

2. 中速节奏处理

在处理中速节奏音乐时，模特最常见的问题是松散，如同在街头闲逛。因此在日常训练时，模特需加强脚掌力量的针对性训练，女模特可以光脚进行踮脚台步训练，加强前脚掌着地的力量。男模特在日常训练时，要注意加强后脚掌着地的力度。

3. 慢速节奏处理

在处理慢速节奏音乐时，女模特最常见的问题是摇晃，无法稳住身体；男模特常见的问题是完全没有精气神，磨磨蹭蹭完成台步。在日常训练时，女模特可将台步动作分解成大腿带动小腿、提胯、送胯、重心跟进四个分动作，保持每一个分解动作之间的连贯性，增加整体动作的稳定性；男模特在处理慢节奏时，可以通过增大步幅、延长后脚掌着地至前脚掌着地时间来练习。

4. 无节奏处理

在处理当下流行的无节奏纯旋律的音乐或者节拍不一致的无序音乐时，模特要做到心中有节奏，不能盲目地跟着音乐时快时慢，而应该采用自己比较有把握的中快节奏或根据编导和设计师提出的走台节奏完成演出。

5. 不同节奏变化把握

如果在一场时装表演中存在不同音乐节奏变化，或者邀请男女模特同台表演，那么模特只需把音乐当作纯粹的背景来处理，按照服装风格准确把握表演节奏，掌握娴熟的台步技巧，并加强模特之间的联系，学会相互照顾与配合，不能我行我素。要牢记是模特适应音乐，不是音乐配合模特。

（二）音乐旋律与模特表演

音乐旋律是塑造音乐形象最主要的手段，被称为音乐的灵魂。在时尚展示中，音乐旋律以鲜明的主题和丰富的音调唤起人们的情感共鸣，与演出主题吻合的音乐能让模特更容易领会设计师的设计意图。

对于模特而言，把握音乐旋律重点在于对表演所需氛围和表演情绪的把握。不同的音乐旋律能制造出不同的想象意境，模特要理解音乐的内涵，通过自我的丰富想象，寻找音乐、服装、表演的内在联系，通过合理的台步技巧和表演技能，把音乐形体化，有取有舍，有效传递出服装设计的理念，争取做到与音乐、服装和设计师灵感之间的协调统一。

模特在舞台上所展示的艺术感染力直接取决于模特自身的艺术修养和表演技能。模特是服装的载体，更是服装灵魂的表现者。模特能否通过音乐准确把握服装角色与表演个性之间的关系，是衡量其表演技巧质量好坏与水平高低的关键。要成为一名成功的模特，必须要对音乐这一服装表演的重要组成部分进行深入地学习、感受、理解与把握。

第十三章

海南黎族服饰的创新改良

第一节　黎族服饰创新改良的原因

民族服饰是历史文化传承的纽带，是一个民族物质文化与精神文化的结合体，黎族服饰反映了黎族历史与文化的发展，它古老而朴实，图案生动，造型独特，色彩斑斓，承载着民族文化内涵，有着浓郁的民族特色。随着经济的发展，交流的递进，海南岛渐渐走进人们的视野，封闭的黎族逐渐被人熟知，由此也加快了黎族人民与外界的交流和联系。

随着工业的发展，人们的生活节奏加快，快餐式文化兴起，传统的黎族服饰与现代服饰相碰撞，黎族服饰的局限性显露，传统的黎族服饰款式以上衣加筒裙为主，人们在出行或生活中有较多的不便性。在现代社会中，出现了很多新型面料，它们迎合了人们的各种需求，相比之下，款式面料单一、实用性较差的黎族服饰很难流行起来。随着城镇化的发展，经济的冲击，更多的年轻人不再愿意留守故土，不愿意继承繁杂的传统工艺，传统服饰工艺面临着消失的危险。时代性是文化的基本特征，要使民族服饰文化向更大范围传播，就必须考虑现代社会的审美潮流变迁，创新改良是黎族服饰发展的根本途径。纵观服装史的发展，朝代的更替必然带来服装的改变，要想顺应历史潮流，就必须有所革新，改良与创新是为了更好地保护与传承。

第二节　黎族服饰创新改良的建议

一、由纯手工制作到借助机器

黎族传统服饰的纺织原料主要是棉类和麻类，染料以野生植物染料为主，动物类、矿物类染料为辅。纺纱、染纱、织布、刺绣等一系列步骤均为纯手工，靠的是心灵手巧的黎族人从自然中汲取原料、一代代相传的手工技艺和从小勤奋努力的练习。纯手工缝制耗时耗力，且掌握黎锦制作技艺的传承人日益减少。在现代工业时代，纺纱、染纱、织布均可以由机器完成，大幅地提高了服装制作效率，增加工业产量，同时也很好地增进了服装的精美度和舒适度，部分制作工艺的手工化也保持了其独特的花纹和图案样式。面料种类不再单一，出现了与时代相结合的舒适、流行面料，也更易于大众消费者接受。

二、吸引更多设计师加入

更多年轻设计师的加入为黎族服饰的创新改良增加了活力。2018年首届“落笔·吉阳”中国（海南）黎族苗族服饰配饰设计大赛圆满成功，此项大赛以“传承·创新·交融·和谐”为主题，吸引了很多知名服装设计师、服装院校师生、服装设计爱好者的关注。他们将海南黎族传统文化元素与现代生活艺术相结合，对材质与设计元素进行改良，为黎族服饰注入了新的元素符号。大赛优秀获奖作品由模特进行T台展示，引发了更多民众对黎族创新服饰的关注，三亚市民“又见”在现场观摩了全场比赛后认为，这是一场极具高水准的黎苗民族服装秀，给她作为一名黎族设计师非常多的灵感与启发，激发了热爱黎族苗族文化的本土人士去发掘属于自己民族的时尚与闪光点。海南很多高校致力于培养设计师。海南大学成立了与国外互动交流的黎锦工作坊，带领设计系的学生深入田野考察了解黎锦的制作工艺，让学生了解其文化，也为黎族服饰的改良创新奠定基础。海南师范大学因地制宜地把研究、抢救、继承和弘扬黎族传统文化与创新黎族服饰结合起来，开设“黎锦与服装设计专业”，从入学便开始培养学生对黎锦艺术、文化的热爱，也有利于黎族服饰未来的发展。图13-1和图13-2为海南大学学生设计的黎族创新服饰作品。

图13-1所示作品将黎族传统纹样与现代服饰廓型相结合，采用

聚酯纤维PVC面料，防雨防晒，在传承传统的同时，兼具功能性与美观性。

图13-2所示作品是将黎族最高织锦工艺美术品龙被与现代服饰相结合，采用纯棉面料，具有良好的吸湿性，穿着舒适。

服装介绍：
服装主要以防晒、防雨为主，采用PVC聚酯纤维面料，加以透明面料造叠，
同时将海南黎族大力神纹，海岛的椰树文化和海浪融入其中。

图13-1　黎族创新服饰作品1（叶巨豪设计）

图13-2　黎族创新服饰作品2（王翔设计）

三、发展文创产品

海南省的定位为国际旅游岛的建设和黎族服饰的发展提供了更多的契机。自国际旅游岛建设以来，海南经济实现了一次又一次飞跃，茂密的热带雨林、清澈蔚蓝的海水、良好的自然环境、冬季适宜的温度，吸

引了越来越多的人踏上海南岛。虽说政府也在大力推动槟榔谷和椰田古寨的建设，以便让更多游客了解海南特有的民族文化历史与内涵，但游客大多停留在了解文化的表面，当离开海南后，对于黎族的印象很快就会淡忘。因此，文创产品的发展尤为重要，如何让游客成为文化传播的重要载体，是值得思考的问题。对于海南黎族的文创产品，仅仅通过博物馆和景点来传播黎族文化是远远不够的。笔者了解到，海南有一些公司在做的相关文创产品，不再单单是一些手工艺品，而是开发出一系列衍生产品，包括服饰、包包、披肩、工艺品等（图13–3）。他们提取黎族元素的色彩、纹样、面料，将其与现代服装款式、面料相结合，在保留传统元素的同时力求时尚性。这是一个很大的进步，市场消费群体也能因此扩大，但现在产品形式还比较单调，而且在宣传方面存在许多不足，宣传手段单一，很多游客并未能接触、了解诸多衍生产品。黎族传统服饰穿戴时多配有品种丰富、图案多样的配饰，这些配饰也是黎族服饰的一大亮点，但配饰较大，穿戴不便，在现代生活中流行较为困难。对此，可以将配饰的工艺图案保留，对配饰进行缩小改良，使之更易于日常佩戴。在信息时代，借助国际旅游岛的建设，通过互联网与线下相

图13–3　各类黎族文创产品（拍摄于海南省博物馆）

结合，与旅行公司和各大酒店合作，提升宣传力度，让黎族服饰成为海南省的标志性符号。

四、创新表演方式

如今，服装展示方式开始由静态转变到动态再到互动式。最早的服装展示出现在英国伦敦的玩偶服装表演中，即给玩偶穿上服装进行服装展示。黎族服饰更多的是出现在博物馆和黎族文化馆等地，多为静态悬挂展示。由玩偶到真人的转变是源于查尔斯·弗雷德里克·沃斯（Charles Frederick Worth），为了实现销售任务，把披肩披在售货员身上，把面料、款式、色彩、裁剪方式充分展现出来，让观众更直接地看到披肩披在身上的动态效果，从而引起购买欲望。服装表演的方式也一直在发展，由静态到动态，加上了灯光音响道具，充满艺术性的舞台布局，恰到好处的场景设计，使服装的艺术效果和功能得到充分展示。现代社会的服装展现方式已经非常成熟，每年两次的四大国际时装周引领着时尚潮流，电影式背景的运用、歌剧式表演形式的加入、独特的创新设计，让服装表演方式一次又一次突破传统与规范，发展到现在，服装表演让观众置身其中，成为一种艺术性享受。

经过不断摸索与实践，中国已经拥有不少具有很强创新性的服装展演活动，如大型中国民族服饰表演“多彩中华”和大型服饰歌舞表演“中华五千”是具有代表性的展演活动，并远赴亚、非、欧、美等各州数十个国家和地区巡演，以文化血脉的传承、历朝经典的再现、民族融合的祥和、衣冠王国的雅韵，使许多国际友人从服饰的更替中了解中国传统文化的博大精深。海南大学在对黎族服饰的传承与保护方面做出了很多努力，不仅带领学生深入了解黎族服饰文化的发展，而且组织服装表演专业和舞蹈专业的学生进行展演活动。学生在T台上展示黎族服饰从古至今的变化发展，由古老的树皮衣开场，到改良的黎族服饰，再到海南大学服装设计班学生设计的创新黎族服饰，不同的阶段配有不同的音乐与节奏，带着观众走进历史，体验其文化。尤其是表演专业学生穿着黎族传统的服饰，通过肢体表达文化，精心编排的舞蹈动作配以灯光音乐，让观众仿佛置身其中。他们在海南岛各地进行演出，深入乡村，走进校园，传承文化。

随着时代的发展、科技的进步，新世纪的服装展示也不再是纯粹地在舞台上向观众展示服装，而更多的是成为一种艺术享受。21世纪，数字化技术的发展，3D全息投影、水幕投影、三维动画、4D光影虚拟化技术的广泛应用，使服装的展演方式更加全面立体。各种新型技术的结合，让观众在视觉、听觉、心理上得到满足，给予观众视、听、心、触、动全方位的综合体验。例如，LED屏的应用，通过电脑技术制成的动态画面代替了传统的静态屏幕展示，在黎族创新服饰展演时，可以根据不同的时期播放不同的动态画面，结合设计师的理念，配合服装走秀展示，给观众带来更好的视觉享受。秀场可以采用现场直播的方式，使服装信息第一时间能被观众所接收，观众可以将自身的意见反馈给直播平台，让设计师与观众实现更亲密的接触与互动。

与国际舞台相比，黎族服饰的展演方式还需要更努力。若给予足够的重视，投入更多的资金与技术，唤醒更多人的民族意识，掌握并运用数字化科学技术，突破传统的表演方式，黎族服饰的传播与展示也将走得更远。

随着民族服饰文化传播和影响力的扩大、深化，民族风格不能再以某种纯粹的形式出现，黎族服饰也是如此，需要体现时代特征，又要保持自身的多样性。黎族服饰要形成既有时代特色又具文化底蕴的艺术风格，就要不断从传统文化中汲取精华，在保护与传承黎族服饰工艺的同时，需要进行现代形制的创新，将传统民族元素解构重组，并广泛借鉴多种艺术思维，顺应时代的潮流，让黎族服饰被更多人所熟知、接受、喜爱。

第三节 黎族服饰创新改良的误区

黎族服饰创新改良，容易进入过度创新，丢失民族内涵，或一味模仿，追求民族形式的误区。

一、过度创新，丢失民族内涵

经济的飞速发展让文化与生活脱节。很多设计师一味追求创新，对传统民族文化的理解较肤浅，为追赶潮流，加入太多新的想法，却丢失了民族服饰原有的特色。设计师在对传统民族服饰进行改良创新时，要万变不离其宗，要讲究服装的民族文化内涵，坚持民族风格，这是民族服装设计创新的出发点。因此，设计师要了解黎族习俗文化，遵循民族文化习俗创新，如沿用黎族特有的大力神图案、花纹纹样等来表现民族特色，了解不同纹样的寓意。传统与现代相结合的关键是找出民族艺术与现代艺术之间的区别和联系。既要借鉴，又不能简单地生搬硬套，要掌握其中的某种共同规律，为我所用，为今所用。

二、一味模仿，追求民族形式

一味模仿，追求民族形式，表现设计的个性和特色，会使人感到跟不上时代的节奏，只是流于形式的简单改变。仅仅找些图案样式互相拼拼凑凑，改动改动，就题以新的名称，用上新的材料，这并不能有效地传播黎族服饰、传递黎族文化。

设计师应立足于黎族服饰文化，以发掘、借鉴为手段，以升华、开拓创新民族时代美为目的，既在传承中改良创新，又在改良与创新中传承，融入现代人的审美特点和生活习惯，汲取黎族服饰的精髓，对传统服饰进行再创造，从而打造出本民族的特色品牌。

第十四章

黎族服饰创新设计项目报告与时尚展示

第一节　黎族服饰创新设计项目报告

笔者依据个人的课堂教学实践，为执行黎族服饰符号创新设计项目，将所负责班级学生分为四个项目小组。各项目小组成员就各自的课题设计情况进行了相关的报告。

一、项目小组1设计报告

项目小组1的成员有万思琪、李怡莹、杨莹、郭映邑、毕梦媛、沈陈紫迪、孙洋。该项目小组成员的设计主题分别是以“冬”为主题的现代服装设计和以“黎族元素”为主题的服装设计。

1. 以“冬”为主题

在进行以“冬”为主题的服装设计时，项目小组在进行了初步讨论后，将设计方向定在了当季大热的莫兰迪色系中的蓝色冬装。在色彩上，运用了以白色为主、蓝色为辅的色调，以体现冬天白雪皑皑之景和营造寒风凛冽之感。在结构上，运用解构的手法，以左右不规则、不对称式设计打破传统，使服装更有设计感。

图14-1　以“冬”为主题的服装效果图（万思琪设计）

本组成员万思琪设计的以“冬”为主题的服装效果图，如图14-1所示。设计采用多层堆叠的方法，给人以寒冷冬季里温暖的感觉，上身加入了当下流行的有绑带式设计，下身则是近几年来风行的宽松阔腿裤，整体搭配是当下流行的休闲通勤风。在材质方面，运用尼龙面料，其特性是密度高且轻便柔软，与蓬松棉结合，利于塑造造型轮廓却不笨重，颜色鲜艳，有轻微反光效果，更符合当下时尚潮流。这套服装外形夸张时尚却不乏实用性，中长款长度满足了冬季人们的保暖需求，颜色简洁，运用低纯度莫兰迪色系优雅大气，在细节上融入了很多当季的流行元素，目标群体是当下追逐时尚潮流的年轻女性，夸张的廓型更加符合当下的潮流，迎合了当下人们的审美，整体风格也符合年轻的都市女性。

图14-2　以“冬”为主题的服装效果图（郭映邑设计）

本组成员郭映邑设计的以“冬”为主题的服装效果图，如图14-2所示。因为冬天通常给人寒冷凛冽的感觉，设计师便采用莫兰迪的蓝色作为主色调，在普通的浅蓝色的基础上加大灰度，给人柔和的感觉。上衣采用由浅灰蓝到紫色的渐变，增加服装的层次感。冬天衣物主要功能是保暖，于是上衣内部填充羽绒，以防寒，且轻柔蓬松。羽绒服外形轮廓庞大圆润，可以做出夸张造型。

图14-3　以“冬”为主题的服装效果图（沈陈紫迪设计）

本组成员沈陈紫迪设计的以“冬”为主题的服装效果图，如图14-3所示。在进行服装设计创意时选择款式为西装款，整体感觉偏向现代都市风格，为现代都市女性打造。西装整体为蓝紫色，布料为聚酯纤维。此款衣服板型非常漂亮，适合职场女性。在领口，普通的领结被更改为一个夸张的蝴蝶结，增加了女性魅力。蝴蝶结面料为欧根纱，面料染色后颜色鲜艳，质地轻盈，手感硬挺。此处用欧根纱制作蝴蝶结，上面有黎族花纹，隐隐印在纱上，给整套服装增加了神秘感。

本组成员孙洋设计的以“冬”为主题的服装效果图，如图14-4所示。设计师根据海南亚热带气候的特色，在设计元素中对服装的面料和款式进行创意设计，目的在于不失民族特色的同时设计出适合海南人们穿着的服饰。面料采用纯棉以及麻料，并采用天然染料，面料透气性强又环保。花纹的颜色、样式都提取于海南黎族服饰图案，目的在于体现民族性。

图14-4　以“冬”为主题的服装效果图（孙洋设计）

2. 以“黎族元素”为主题

本系列服装重在对黎族服饰进行创新改良。项目小组成员仔细研究了黎族杞方言区的服饰资料，在传统小褂在结构上做了改良，将原先的对襟向后收，类似于插肩袖的样式。袖子为长袖、手腕处开衩。袖口沿用传统黎族图案的排列方式进行装饰，里面加了背心小褂，背心上以织锦工艺将黎族元素运用其中，胸前可以加上大量银饰作为装饰，银饰款式是对黎族杞方言区传统胸挂的改良款式。

本组成员郭映邑设计的以“黎族元素”为主题的服装效果图，如图14-5所示。在进行黎族风格服装设计创作时，郭映邑研究的是黎族杞方言区服饰，相对织锦而言，杞方言区族群上衣图案采用刺绣的工艺手法，故图案更加灵活多变，色彩构成也更加丰富，但组成形式以方块分割、直线组合为主，曲线较少。在对杞方言区黎族服饰进行创新改良的过程中，郭映邑延续了这一特点，服装上的装饰性纹样更多的是采用直线组合，通过直线去传达杞方言区黎族服饰的美。

图14-5　以“黎族元素”为主题的服装效果图（郭映邑设计）

设计师将传统黎族服饰进行改良，这一次是在当季流行服装中融入黎族元素，增强了黎族服饰的日常穿着功能，由此可以更好地达到宣传黎族风格服饰的目的，将原本带有浓厚神秘色彩的黎族服饰带到人们眼前，使之大众化。

设计者以本组成员设计的服装系列中的牛仔黎族贴布服饰作为原型，并进行延展，沿用了以往服饰设计中的材质、色调和黎族元素应用方式，将经典的黑色牛仔服进行结构再设计，以吊带背心裙的款式呈现给受众；左右不规则的设计打破了传统，右边为传统牛仔面料，左边为多层堆叠的不规则雪纺轻纱；将袖子解构作为腰带系于腰间，又以左右不对称的方式将两种材质进行交叉对比，形成了强烈的视觉冲击；手臂上采用不对称形式，配了一只黑色手套，袜子是及膝长筒袜，白绿的配色在整体浓重的色彩中增添了一笔亮色，在运用黎族服饰元素的同时，也营造了一种海南特有的椰风海韵的感觉。

色彩上主体为黑色，轻纱部分则为红蓝撞色，这三种颜色的搭配也是黎族服饰的基本配色。袜子的白绿配色作为一笔亮色点缀其中，轻纱上印有黎族传统的大力神纹、长短柱花纹以及一些黎族常用的鸟纹；材质上主要是牛仔布料，虽为黑色，但做旧的效果使原本的黑色不那么沉闷，再配有轻薄的雪纺纱，增添其灵动飘逸之感。整体风格是酷酷的民族风加嘻哈风的混搭。这套服装的目标群体也定位为追求时尚、与众不同、特立独行的都市青年女性。

本组成员毕梦媛设计的以“黎族元素”为主题的服装效果图，如图14-6所示。设计师在服装款式上，为了避免直线给人带来刻板、生硬的感觉，上衣下摆和袖口采用了流苏和褶皱，更符合现代人对服装曲线感的要求，使服装更加生动。袖子中部的流苏是现代服饰流行元素之一，经久不衰。流苏采用天然植物纤维进行人工编织，从细节处体现黎族人民的心灵手巧。流苏选用了红色、黄色和紫色，为了调节蓝色上衣给人带来的沉闷感觉。袖口运用彩色流苏点缀装饰，显得可爱、灵动。上衣采用海岛棉制作，运用扎染技法，染料选用天然植物的汁液，呈现一定的过渡渐变的效果，多冰裂纹，自然天成，生动活泼，解决了画面和图案呆板的问题，使得花色更显丰富，有一种回归自然的感觉。上衣下摆部分采用织锦，丰富的色彩弥补了图案单一的缺陷。

图14-6　以“黎族元素”为主题的服装效果图（毕梦媛设计）

相较于黎族杞方言区的上衣图案，其筒裙图案更加丰富多彩，从日月星辰、树木鸟兽到人物器皿，由黑色的筒头、色泽浓郁的筒腰及布满各类图案的筒身构成。因此，这套服装在褶裥上衣的肩部运用了大量“卍”字纹，它作为织锦艺术装饰上的主题花纹图案寓意吉利，称为“万字绵延无尽头”。整个筒裙采用不对称设计。有时，对平衡性或对称性的某种破坏，哪怕是微小破坏，也会带来不可思议的美妙结果。从这种意义上来说，或许完美并不意味着绝对的对称，恰恰是将对称打破带来了完美。

本组成员沈陈紫迪设计的以“黎族元素”为主题的服装效果图，如图14-7所示。设计师设计该套服装是根据黎族服装衍生而来的，本次设计创意是对黎族服饰中的元素进行了提取，经改良拓展设计出的一款简洁修身的小礼服，主要采用蓝色牛仔布料，右肩部采用黑色荷叶边袖子，左肩无袖，采用不对称设计，右胸从肩部到下摆拼接棉麻刺绣面料。牛仔面料还做了破洞处理。服装没有太多复杂夸张的装饰，但在腰间有一条黑色漆皮腰带，为服装增加了一点色彩，黑色也中和了牛仔与棉麻的碰撞。服装定位高端人群，适合宴会等重要场合。

图14-7 以“黎族元素”为主题的服装效果图（沈陈紫迪设计）

二、项目小组2设计报告

项目小组2的成员有刘佳琳、姚雨杉、吴纪莹、李岩、许彬彬、周琳韵子、伏婷婷。该项目小组成员的设计分别是以“秋”为主题的现代服装设计和以“黎族元素”为主题的服装设计。

本组成员设计的黎族服饰大多没有使用花哨的色彩纹样，而是采用扎染技术，带来神秘、朦胧、特别的美感，也符合现代审美。由于扎染的主色调为深色，故本组成员也主要采用藏青色来表现效果，而且大部分作品保留了黎族传统的完整纹样。另外，在服装的整体廓型和所搭配的面料材质、装饰上做出很大的改变，采用较符合现代审美和实用性的款式，更易于吸引消费者，也适合消费者穿着。本组成员设计的服装主要针对年轻人，款式比较大胆，突破了传统的服装形制，采用古朴的黎族元素，给人们带来新鲜感。

1. 以“秋”为主题

本组成员姚雨杉设计的以“秋”为主题的服装效果图，如图14-8所示。设计师设计的这套服装整体为冷色系，领口选择斜肩设计，露出一侧肩膀，领口选用颜色为深褐色，上衣颜色为浅灰色。下身是阔腿长裤，颜色选用灰蓝色，宽松的上衣与阔腿长裤营造了轻松自在的氛围，整套服装使用了3D打印技术，打印出建筑、树枝的装饰品，夸张中更能体现海南秋日的凉爽。

本组成员李岩设计的以“秋”为主题的服装效果图，如图14-9所示。设计师设计的款型都是大众眼中最为常见的款型，不易过时。该套服装上装外面是一款常见的棒球服，外加一些黎族龙纹饰暗纹在上面，突显黎族特色，暗纹不太明显，但让棒球服不再单调无味。内搭一件暗色假衬衣领的薄卫衣，加上深褐色的九分裤，让整体休闲风格里带了几分严肃。外搭的黎族龙纹棒球服以绿色打底，这种彰显大自然生命的色彩，给人生机勃勃、清新的感觉。绿色没有让整体服装显得特别沉闷，而是彰显了朝气，不再呆板。加上清爽干净的妆容，更加引人入胜。

本组成员周琳韵子设计的以“秋”为主题的服装效果图，如图14-10所示。

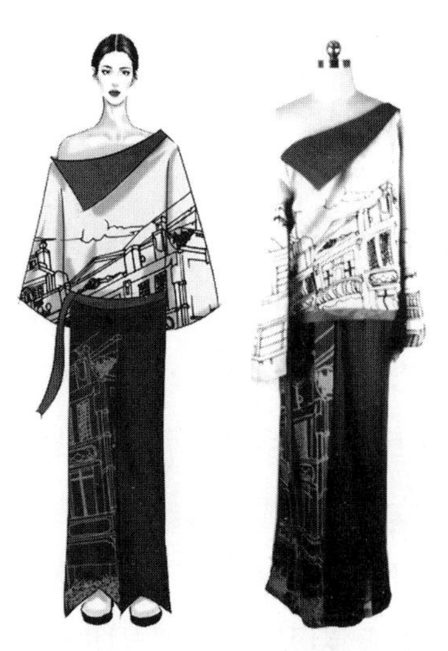

图14-8　以“秋”为主题的服装效果图（姚雨杉设计）

图14-9　以“秋”为主题的服装效果图（李岩设计）

图14-10　以“秋”为主题的服装效果图（周琳韵子设计）

在款式上，由于当今黎族元素的服装鲜有很厚实的类型，设计师希望寒冷地区的人们也能够了解黎族服装，把具有黎族元素的服装穿在身上，所以在款式上，选择貂皮大衣的款式，并以厚重的毛绒做外套，内搭双层连衣裙。内层连衣裙设计为立领，领口加两条飘带，走起路来随风飘动，随性又不失优雅；外层连衣裙设计为干净利落的V字领，造型简约。服装搭配一套毛绒皮靴，保暖又有型，并配手提款包包，整体给人一种高档感。

色彩上，采用深紫色，神秘而又高贵，把黎族服装的神秘感体现得淋漓尽致，又增添了一份高贵感。面料上，这款服装运用了很多高档面料。外套为羊毛、马海毛与涤纶面料，人工手缝缝制，将黎族纹样与欧式纹样相结合，具有一种中式与欧式风格的交融感。内层连衣裙采用雪纺，有一点半透效果。帽子上用羊绒毛作为点缀。手提包结合当下流行的蕾丝元素作面料，内层加黎族刺绣面料，双重面料的结合给人以新的视觉感受，隐约呈现一种黎族风。

市场定位上，这款服装为经典款，定位于35～55岁年龄段的顾客，用料讲究，纯手工制作，颜色搭配高档、耐看。服装价格定位在4000元以上，由于款式经典，不容易过时，市场前景比较稳定。

2. 以“黎族元素”为主题

在以黎族文化为主题进行服装创意设计时，本组成员设计了一系列的服装效果图。该系列创意设计中有运用黎族扎染工艺展现服装朦胧感的设计，也有运用黎族润方言区特有的双面绣技艺的设计。该系列服装材质全部采用的是海岛棉，质地柔软，使服装穿着起来更加的透气、柔软和亲肤。

本组成员许彬彬设计的以“黎族元素”为主题的服装效果图，如图14-11所示。设计师以黎族文化为灵感，采用了黎族传统的藏青色色调，并大范围地使用黎族传统扎染工艺技术。可以巧妙地使这套衣服变成两件衣服，里面是一件泳衣。在海南，泳衣是十分实用的，泳衣部分印有黎族最为标志的大力神纹，象征着力量与美感。

图14-11 以“黎族元素”为主题的服装效果图（许彬彬设计）

外面的长裙是可拆卸的，长裙采用黎族极为复杂、高超的扎染技术，整体呈现渐变色彩，具有神秘朦胧的美感，给人带来黎族独特的艺术风格享受。长裙的纹样来自保亭黎族苗族自治县美孚方言区的筒裙纹样，有树藤、树果纹等，寓意吉祥。这些色彩和纹样十分美丽，即使在现代设计中也不显突兀。

服装整体色调一反黎族传统的暗色调，采用淡雅的紫色，就像是在海南的热情天气里感受到一丝清爽。模特的头饰来自黎族传统的银质头饰，采用传统的银饰制作方法手工制作，古朴大气，传递出黎族的独特民族风情。耳饰也采用相同的制作方法，夸张的大耳坠更添民族风情，在走动的过程中带来摇晃的美感。

上衣是一件针织面料的吊带，吊带具有半透明的质感，上面的闪光来自亮片、碎钻，夹杂着黎族传统的铜片编织工艺，不同点缀的质感给人带来全新的视觉效果。吊带是十分大胆性感的款式，结合黎族传统技艺，带来特别的反差感。中间的腰带也是为勾勒出女性美丽的腰身而设计的。

下半身的裙子采用了风衣飘逸的面料，并与黎族传统棉布相结合，黎族纹样那部分采用黎锦制造中极为复杂的扎染技术来形成朦胧神秘的美感。纹样来自东方市地区女子的筒裙，以扎染为底色，间织金黄色的动物纹样，款式独特，色晕鲜明。在走动时，飘逸的风衣面料、飘动的美丽黎锦，给人带来美好的感官享受，也使黎锦和谐地融入整体服装的风格中。吊带的性感，半裙的飒爽，体现了黎锦独特的女性文化。女性在黎族社会中处于一个极为重要的位置，既是生命的孕育者、黎锦的制作者，同时也是美丽的创造者。

鞋子则采用比较独特的袜靴，并配以高跟。袜筒上的图案是黎族的传统纹样，色调鲜艳明丽，这一单品为整件服装带来了更多的时尚感，也更受年轻人的喜爱。

本组成员周琳韵子设计的以“黎族元素”为主题的服装效果图，如图14-12所示。设计灵感来自黎族润方言区的直筒短裙，设计师将这款

图14-12　以“黎族元素”为主题的服装效果图（周琳韵子设计）

直筒短裙与比较流行的纱网裙结合，既有民族感又有现代感。包臀的部分能够展现女性的身材，而纱网部分给人一种隐隐约约的神秘感，着装者走起来裙子飘动，给人一种随性、灵动、仙气之感。上衣为宽松短袖，让人能够自由转换，身体不受约束，运动感十足。领口的双层设计也具有创新意义，第一层为普通立领，领角带有黎族特色，简约而不简单；第二层为较为复杂的薄纱蛋糕领，这种款式不会过于僵硬呆板，可呈现出一种可爱年轻化的形象。袜子与低跟尖头鞋这种矛盾的搭配，更加趋向国际范，潮流感十足。

如今，繁华嘈杂的现代生活让更多的年轻人趋向简单主义，所以这套黎族风服装把原先艳丽的黑红主色换成现代的清新绿、罗兰紫、天空蓝、樱花粉等青春活力的颜色，减少压力，给人一种轻松感，也更容易让现代年轻人接受。本组成员设计的这套服装主要以浅紫色为主，宁静又优雅、富有智慧。

面料上，这套服装多运用现代面料，上衣为舒适的蚕丝面料，紫色，光泽明亮细腻，爽滑柔软，有半透明的黎族元素印花。相比黎族原先的艳丽色彩更加有韵味。领口边角的黎族大力神纹与龟纹运用的是黎族润方言区的双面绣。裙身采用新型竹纤维面料，透气而凉爽、不贴身且不易变形，正适合夏天穿着。袜子材料混合了竹纤维与棉，透气舒适，在炎热的夏天既能够防晒还能起到美观装饰的作用。

市场定位上，这款服装年龄定位在20～35岁的女性，由于服装面料运用了现代的竹纤维与蚕丝纤维，使用的工艺是基础性的，款式流行，价格定位在500元左右。这种流行服装时效性强，当流行元素过时后，服装也就过时了。

本组成员伏婷婷设计的以“黎族元素”为主题的服装效果图，如图14-13所示。设计师通过对黎族服饰整体风格、色彩、面料、图案、工艺等特点的改造分析，将黎锦元素更好地运用于现代服装设计。这款服装，设计师采用绿色为主的色调，以橙色点缀，使整体风格青春有活力，贴合当代年轻人的眼光。衣服与鞋子都为绿色，比较协调统一，加以橙色发带及腰部的橙色配件进行点缀，使整体风格更为灵动有趣。

图14-13　以“黎族元素”为主题的服装效果图（伏婷婷设计）

款式上保留了黎族原有的“贯头衣”和筒裙样式，为营造层次感，改造了领口设计，采用双层衣片搭配深色皮扣，添加现代元素，塑造新的款式造型。鞋子为休闲宽松的款式，加上绑带配饰以及黎锦元素，不仅体现了民族风情，同时也增强了穿着的舒适度。黎族服饰图案寓意鲜明、色彩艳丽，图形构成简洁明了、古朴优美，对现代服装设计有重要的启示意义。本成员设计的服装也以传统黎族服饰图案为元素，用现代的设计视角将其解构，借鉴黎锦图案精细小巧、构图工整的特点，打破当代服装设计原有构图的排列规律，将传统黎锦图案最具代表性的纹样放大，尝试改变其图样。对于图案的排列，设计师运用了点、线、面的构成方式，衣服、裙子、鞋子以及外套则都添加了黎锦元素，大力神纹样采用了刺绣的手法，这样在添加元素的同时，还增加了层次感。现代服装设计的目标是美感、时髦、展现个性，并尽量引领时尚。因而对于黎锦图案的再创作当然要适应这样的需求。

三、项目小组3设计报告

项目小组3的成员有陈子欣、马紫薇、谢雨彤、赵玉杨、胡仪、伍宇昕、朱帅。

该项目小组成员的设计主题分别是以“春”为主题的现代服装设计和以“黎族元素”为主题的服装设计。

1. 以“春”为主题

本组成员谢雨彤设计的以“春”为主题的服装效果图，如图14-14所示。外面的薄纱采用清新的紫色和浅灰色，为原本色彩比较沉重的服装带来清新的活力感。薄纱的材质与荷叶边元素的应用，使整套服装显得轻盈。此款服装在腰胯间采用交叉装饰，突出女性身材的曲线美，呈现出该套服装质感的对比。上身的编织设计为薄纱更添加一份古朴质感。中间的腰带是金属材质，这样的冲突对比带来一种粗犷美感，成为整套服装的一个亮点，打破了沉闷氛围。

图14-14　以“春”为主题的服装效果图（谢雨彤设计）

2. 以“黎族元素”为主题

本组成员伍宇昕设计的以“黎族元素”为主题的服装效果图，如图14-15所示。在设计创意时，设计师突破其原有的框架，在传统款式和纹样上做了些许改动，甚至把鲜明的颜色用在服饰上，把中国的一些特色元素加入设计之中。

设计师选择了黎族花草纹作为服装的总体纹样。在宽大的袖口处设计了海南特色花卉三角梅的图案，采用中国古典民间艺术剪纸的形式把它运用到服装中。服装的总体色调是黎族传统服装色调——黑色，黑色能传达一种大气稳重的感觉，被广泛地运用于服装之中。由于黎锦是以棉线为主，以麻线、丝线和金银线为辅交织而成，本成员计划运用扎染与织造相结合的织锦工艺制作花纹。裙子下摆像一幅幅画卷垂落，最大的那片裙摆具有原创的海浪纹样，充溢着海南海岛的气息，边角处用改良版几何纹进行装饰点缀，再在裙摆挂上一串串的流苏，行走的时候仿佛海浪一层层轻轻拍打。黎锦体现了黎族女子的艺术造诣，是她们心血和智慧的结晶。有故事记载，每当一对相恋的情侣定情之时，姑娘总是把自己织得最满意的花带或者手巾亲手送给男青年，以表示对爱情忠贞不渝，这珍贵的礼物，便是幸福美好的象征。本成员设计的这款服装，初衷是向人们展示黎族文化，展现它独特的艺术价值。

图 14-15　以“黎族元素”为主题的服装效果图（伍宇昕设计）

本组成员朱帅设计的以“黎族元素”为主题的服装效果图，如图14-16所示。在设计思路上，设计师对黎族哈方言区服饰进行了改良和创新，汉黎融合。款式上，大胆采用服

图 14-16　以“黎族元素”为主题的服装效果图（朱帅设计）

装设计中的常用手段——破型与非对称手法，跳脱出传统，又沿袭传统，加入筒裙和襦裙结构。色彩上，大面积采用蓝色与黄色，用蓝色象征大海，黄色代表陆地，营造出海陆并进的感觉。图案上，使用新式图案，将汉族图案和黎族图案相互结合，从而更符合现代人的审美，更加顺应现代潮流。面料上，外衣使用呢料，风格新颖、别致，挺括中不失柔软，朴实中又不失时尚，粗犷中蕴涵典雅。内层衣服采用丝绸材料，丝绸不仅具有较好的散热性能，而且穿着舒适。下装筒裙采用黎族传统面料，外裙使用仿真丝面料，光泽自然，手感柔滑细腻，悬垂性好，不会有毛糙的感觉，且舒适透气。市场上，顾客定位为中高收入女性，其消费能力强，预计销量更好。

四、项目小组4设计报告

项目小组4的成员有张译心、贠燕妮、高程标、顾梦欣、郭荣臻、邵雍城。

1. 以“夏”为主题

本组成员高程标设计的以“夏”为主题的服装效果图1，如图14-17所示。设计灵感源于人的感受，夏天的红红火火，感受是通过外界的刺激在内心形成的一种感觉，不同的人感受是不一样的。项目小组在色调上选用夏天天空的颜色——浅蓝、蔚蓝，在视觉上可以让人在燥热的夏天感到一丝凉意。

图14-17　以“夏”为主题的服装效果图1（高程标设计）

本组成员高程标设计的以“夏”为主题的服装效果图2，如图14-18所示。该套服装结合了现代流行趋势和现代面料，化繁为简，设计风格极其简洁流畅。上衣采用垂感好、光泽较好的丝绸面料，门襟处以传统刺绣技法——手工绣上黎族传统云雾纹，民族感强烈。搭配亮面皮质黑色长裤，裤子的拉链头用金属制成鸟纹作为装饰。

提包造型灵感源于贝壳的形状，面料主要采用海南原产的苎麻线，黑色苎麻线经过黎族传统染色技艺之后，编织成蛙纹图案，并手工编织底部。此外，提包也使用现代蕾丝面料，同时结合使用强度更大的尼龙面料，以延长使用寿命。上衣与裤子是两种光感较强的面料，相互衬托，并与提包的传统苎麻面料、蕾丝面料在视觉上形成强烈的对比，突显各自的特点。

图14-18　以“夏”为主题的服装效果图2（高程标设计）

2. 以“黎族元素”为主题

本组成员高程标设计的以“黎族元素”为主题的服装效果图，如图14-19所示。黎族元素服装设计追求的是传统与现代的和谐统一。大衣和裤子面料均采用现代呢料，大衣印有海南黎族传统的人形纹图案，黑色图案在粉色大衣上尤为突出。大衣里面是一件针织衫，传统针织面料与金色图案组合更具表现力。手包采用的图案是鱼网纹，以浮雕的方式印在面料上，极具立体感，手感也更佳。

图14-19　以“黎族元素”为主题的服装效果图（高程标设计）

本组成员郭荣臻设计的以“黎族元素”为主题的服装效果图，如图14-20所示。设计师对黎族服饰的一个改良，既保留了大量的黎族服饰风格和元素，也引进了很多现代元素。采用白衬衫作为里衣，与黎族风格的外套形成了很好的搭配。外套更多地采用了黎族服饰的风格，以棕色为主，红色勾边。筒裙则采用了传统的黎族筒裙，但刚及膝盖，多了一丝俏皮。配饰上依旧采用大量的银饰作为搭配，增加了袖口和腰带上的银链，带来了不一样的感觉。

本组成员邵雍城设计的以“黎族元素”为主题的男装效果图，如图14–21所示。设计师在设计服装时选择进行系列设计，原版男装上身为深棕色，下身为黑色。上衣采用了和尚领设计，材质为毛线编织，简单大方。毛衣外套采用简洁的单扣设计，下身采用修身的西装裤设计，上衣纹样设计运用不对称的动物纹。黎族图案色彩选择了灰色系，给人一种清冷和成熟的感觉。整体服装具有黎族美孚方言区服饰的特点，在市场上也容易被人接受。

邵雍城设计的以“黎族元素”为主题的女装效果图，如图14–22所示。首先在服装的选色上，黎族服装主体色彩为深蓝色或黑色，而本成员选用了较浅一些的浅幽蓝，以减少沉闷感。上衣设计为高领毛衣，简单大方，是现在人们普遍可以接受的。下身设计为宽松阔腿裤，裤子面料选用海岛棉，裤子采用条纹状纹样，可以增加人体下身拉长的视觉效果。

图14–20　以“黎族元素”为主题的服装效果图（郭荣臻设计）

图14–21　以“黎族元素”为主题的男装效果图（邵雍城设计）

图14–22　以“黎族元素”为主题的女装效果图（邵雍城设计）

第二节　黎族服饰及符号创新舞台时尚展示

源浚者流长，根深者叶茂，民族传统文化遗产是不可替代的宝贵资源。这不仅属于我们，也属于子孙后代，我们应当做到在保护中发展、在发展中保护。民族传统文化事业既要“守得住”，也要“活起来”。我们要有效挖掘非物质文化遗产蕴含的历史、文化和科学价值，找准历史和现实的结合点，溯到源、找到根、寻到魂，充分发挥少数民族文化的公共文化服务和社会教育功能，激发起磅礴的民族自信心和文化向心力。

远古时期，海南黎族先祖为了遮羞、保暖，采用见血封喉树的树皮，经过扒、修整、水中浸泡脱胶、漂洗、晒干、拍打成片状和缝制这些繁琐的工序，手工制成“树皮衣”，被誉为“服装活化石”。如今，设计师从树皮衣获取灵感，将树皮元素运用于时尚展示（图14–23）。

三千多年前，海南黎族女子用勤劳的双手创造出中国最早的棉纺织品——黎锦，堪称中国纺织史上的“活化石”。2009年，黎锦织绣工艺正式成为世界非物质文化遗产。黎锦制成的黎族传统服饰有其独特的民族工艺美和文化内涵，它是一条连接古今的纽带，是黎族人民精神的寄托，是至美的体现。同样，当代设计师也充分发掘黎锦的价值，创造性地将黎锦一些元素和符号运用于时尚展示之中（图14–24）。

图14–23　原始树皮衣舞台展示

图14-24　传统黎族服饰

黎族人将自己的审美情趣和艺术追求，物化于精美绝伦的黎锦服饰之中。今天，我们将其继承创新，与现代时尚元素有机结合，打造出独特的民族时尚，使其得到更好地传承和发扬。图14-25所示为当代以黎锦服饰为主题的时尚展示。

任何事物都有矛盾的一面，服装产业也不例外，在这个行业中，创新与传统、守旧与机遇并存。中国传统的民族服饰如果想要走向市场，走出国门，就必须提高附加值，必须创新，打造服装品牌。只有创新，才能使服装产业保持新鲜的生命力；只有不断创新，才能发掘出更好的服装产品，满足人们对文化品位、个性时尚的需求；只有在继承传统文化、民族特色的基础上创新发展，才能创造出既有时尚特色又有丰富思想和艺术内涵的服饰产品。

图14-25

图14-25　黎锦服饰为主题的时尚展示

参考文献

[1]《黎族简史》编写组. 黎族简史[M].北京：民族出版社，2009.

[2] 符兴恩. 黎族. 美孚方言[M].昆明：云南民族出版社，2014.

[3] 张志群. 润方言黎族传统文化[M]. 海口：海南出版社，2015.

[4] 孙海兰，焦勇勤. 黎锦蛙纹的生殖崇拜研究[J]. 海南大学学报（人文社会科学版），2010（2）：6–10.

[5] 朱焕良. 服装表演策划与编导[M].北京：中国纺织出版社，2014.

[6] 王学萍. 中国黎族[M]. 北京：民族出版社，2004.

[7] 斯蒂文·郝瑞. 田野中的族群关系与民族认同：中国西南彝族社区考察研究[M]. 巴莫阿依，曲木铁西，译. 南宁：广西人民出版社，2000.

[8] 林开耀. 黎族服饰及其文化内涵和价值的探析[J]. 服饰导刊，2014（2）：24–31.

[9] 王翠娥，云瑶. 试谈海南省黎族妇女传统服饰[C]. //民族文化宫博物馆. 中国民族文博（第一辑）. 北京：民族出版社，2006：275.

[10] 海南省民族研究所. 黎族服装图释[M]. 海口：南海出版公司，2011.

[11] 王洪波. 造型·生态·符号：海南黎族妇女服饰文化蕴涵透视[D]. 北京：中央民族大学，2009.

[12] 林开耀. 黎族织锦研究[M]. 海口：南海出版公司，2011.

[13] 王献军. 黎族服饰文化刍议[C]. //杨源，何星亮. 民族服饰与文化遗产研究：中国民族学学会2004年年会论文集. 昆明：云南大学出版社，2004：67.

[14] 冈田谦，尾高邦雄. 黎族三峒调查[M]. 金山，等，译. 北京：民族出版社，2009.

[15] 刘晓燕．多彩的黎族妇女服饰[J]．中国民族，2006（12）：52．

[16] 谢军．试论黎族服饰与其宗教信仰、审美取向和人生观的关系[J]．艺术科技，2014（7）：77-79．

[17] 刘晓青．海南润方言黎族服饰文化研究[D]．北京：北京服装学院，2011．

[18] 夏梦颖，王羿．黎族杞方言女子服饰传承与保护[J]．山东纺织经济，2013（1）：61-66，82．

[19] 王娟．五指山黎族传统织锦服饰特色浅析[J]．琼州学院学报，2011（6）：27-28．

[20] 石小英．云南彝族服饰中远古遗风成因探析：以贯头衣、饰尾服为例[J]．文史杂志，2015（6）：90-93．

[21] 杨式挺．从考古发现探讨海南岛早期居民问题[C]．//杨式挺．岭南文物考古论集．广州：广东省地图出版社，1998：351．

[22] 周菁葆．日本正仓院所藏“贯头衣”研究[J]．浙江纺织服装职业技术学院学报，2010（2）：37-40．

[23] 沈从文．中国古代服饰研究[M]．上海：上海书店出版社，2005．

[24] 周菁葆．古代黎族的服饰文化[J]．浙江纺织服装职业技术学院学报，2007（4）：36-39．

[25] 周赛颖．从符号学的角度看黎锦工艺的文化内涵[J]．广东技术师范学院学报，2008（11）：107-110，125．

[26] 文明英，文京．中国黎族[M]．银川：宁夏人民出版社，2012．

[27] 李逸．黎锦图案在平面设计中的应用研究[D]．海口：海南师范大学，2015．

[28] 林毅红．从海南黎族织锦艺术的“人形纹”看黎族祖先崇拜对其影响[J]．民族艺术研究，2012（4）：66-71．

[29] 张金梅，刘爱丽．民族服饰身份功能人类学阐释[J]．艺术评论，2014（9）：139-142．

[30] 郭凯．海南黎族织锦艺术中人形纹饰的造型美[J]．美术大观，2011（4）：68．

[31] 孙海兰．从黎锦蛙纹分析黎族的族源问题[J]．新东方，2010（1）：8．

[32] 黄学魁．黎族织绣图识[J]．装饰，2004（4）：90-91．

[33] 邓聪．海南岛树皮布的几个问题[C]．//周伟民．琼粤两地国际学术研讨会论文集．海口：海南出版社，2002：288.

[34] 潘姝雯．海南黎族服装研究及设计实践：以美孚黎服饰为例的服装研究及设计[D]．北京：北京服装学院，2010.

[35] 赵荣，王恩涌，等．人文地理学[M]．北京：高等教育出版社，2006.

[36] 中国民间文学集成全国编辑委员会，中国歌谣集成海南卷编辑委员会．中国歌谣集成·海南卷[M]．北京：中国ISBN中心，1997.

[37] 罗文雄．黎族妇女服饰艺术及其文化蕴涵[J]．民族艺术，2001（4）：172–187.

[38] 王晨，林开耀．中华锦绣·黎锦[M]．苏州：苏州大学出版社，2011.

[39] 陈兰．试议黎族传统织锦纹饰图的造型美[J]．琼州学院学报，2010（6）：1–14.

[40] 周晓鸣．服装表演策划与编导[M]．北京：化学工业出版社，2018.

[41] 杜伟，杨雪．论黎族民间童话的类型与特点[J]．十堰职业技术学院学报，2007（5）：71–75.

[42] 曹春楠．浅析黎族织锦艺术中的动物纹样[J]．大众文艺，2010（4）：203–204.

[43] 陈建伟，司亚慧，金蕾．黎锦织造工艺及其文化特征探源[J]．服装学报，2016（1）：101–106.

[44] 陈思莲．黎族原始宗教崇拜的成因及文化意蕴[J]．新东方，2011（5）：43–46.

[45] 白华山．论黎族服饰文化中的宗教意蕴[J]．海南大学学报（人文社会科学版），2011（4）：28–32.

[46] 符和积．黎族史料专辑·第七辑[M]．海口：南海出版公司，1993.

[47] 苏珊·朗格．艺术问题[M]．滕守尧，朱疆源，译．北京：中国社会科学出版社，1983.

[48] 威廉·涅尔，玛莎·涅尔．逻辑学的发展[M]．张家龙，洪汉鼎，译．北京：商务印书馆，1995.

[49] 崔新建. 文化认同及其根源[J]. 北京师范大学学报（社会科学版），2004（4）：102.

[50] 王国全. 海南黎族传统文化与民俗[J]. 装饰，1999（3）：8-11.

[51] 梁惠娥，沈天琦. 地域性服饰色彩的研究现状与发展趋势[J]. 服装学报，2016（1）：90-93，122.

[52] 韩馨娴. 黎锦的保护与传承现状研究[D]. 北京：北京服装学院，2013.

[53] 吕娜. 黎族织锦图案艺术的现代设计应用[J]. 现代园艺，2013（12）：149-150.

[54] 曹春楠. 海南黎族和台湾高山族服饰图案艺术比较研究[D]. 海口：海南师范大学，2011.

[55] 周赛颖. 从符号学的角度看黎锦工艺的文化内涵[J]. 广东技术师范学院学报，2008（11）：107-110.

[56] 金蕾. 黎族非物质文化遗产黎锦传统文化研究[D]. 青岛：青岛大学，2015.

[57] 刘玉璟. 色彩符号的表征作用对民族服饰的影响[J]. 大众文艺，2012（6）：200-201.

[58] 李幼蒸. 理论符号学导论[M]. 北京：社会科学文献出版社，1999.

[59] 潘定红. 民族服饰色彩的象征[J]. 民族艺术研究，2002（2）：36-43.

[60] 黄学魁. 黎族织绣图识[J]. 装饰，2004（4）：90.

[61] 赵伶俐. 人格与审美[M]. 合肥：安徽教育出版社，2009.

[62] 高星. 民族服饰色彩的地理文化透视[D]. 武汉：湖北美术学院，2007.

[63] 田少煦，徐丽君. 中日色彩文化比较：基于民族心理的色彩意象[J]. 深圳大学学报（人文社会科学版），2015（4）：13-18.

[64] 许佳. 黎族传统染色技艺研究[D]. 南京：南京大学，2014.

[65] 许苗，钱家英. 论黎族女子审美心理在其服饰图案中的体现[J]. 安徽文学（下半月），2009（7）：126-127.

[66] 王霄兵，张铭远. 服饰与文化[M]. 北京：中国商业出版社，1992.